陈阳 刘斌 张君 主编

内蒙古马铃薯晚疫病智慧测报及

减药控害

中国农业出版社
北京

图书在版编目（CIP）数据

内蒙古马铃薯晚疫病智慧测报及减药控害／陈阳，刘斌，张君主编. —北京：中国农业出版社，2023.12
ISBN 978-7-109-31112-1

Ⅰ.①内… Ⅱ.①陈… Ⅲ.①马铃薯－晚疫病－防治 Ⅳ.①S435.32

中国国家版本馆CIP数据核字（2023）第173696号

中国农业出版社出版

地址：北京市朝阳区麦子店街18号楼
邮编：100125
责任编辑：刁乾超　　文字编辑：赵冬博
版式设计：李　文　　责任校对：吴丽婷　　责任印制：王　宏
印刷：中农印务有限公司
版次：2023年12月第1版
印次：2023年12月北京第1次印刷
发行：新华书店北京发行所
开本：787mm×1092mm　1/16
印张：10.25
字数：230千字
定价：88.00元

编辑委员会

吴华圃　邱廷艳　汪丽军　张　华　张　娜
张　键　张　鹏　张之为　张文兵　张加康
张庆香　张志芳　张金锁　张建丽　张海勃
张智芳　张蓓红　张競弛　陈　阳　武　俊
武志华　武宝龙　昊　翔　金鸿飚　周　勇
赵　君　赵育国　赵素梅　赵培荣　赵熙然
郝　璐　胡有林　娜日苏　贺　龙　贺　琪
秦晓玲　夏国详　高　娃　高立东　高亚娟
高红宇　郭　宇　郭志刚　郭晓晴　唐　璇
陶元林　黄玉萍　黄利春　萨其仍贵　曹春玲
崔海辰　商　卓　梁东超　梁瑞萍　董计平
傅晓杰　焦玉光　温晓明　蒙　嵘　解国华
蔡　婷　潘子旺　薛青青　薛彦飞

序

内蒙古农牧业技术推广中心项目组依托国际合作、国家和地区自然科学基金、农业农村部科研专项、植保能力提升工程等项目，联合科研院所及相关企业建立了内蒙古马铃薯晚疫病智慧测报及减药控害技术集成创新团队。

多年来，该团队针对马铃薯晚疫病开展了一系列相关基础研究。在明确马铃薯晚疫病发生和危害的基础上，对致病疫霉的致病机制及其有性生殖分子机制、马铃薯的抗病机制以及对致病疫霉具有拮抗活性的生防菌的筛选和拮抗机制等方面进行了研究，为马铃薯抗病育种、针对致病疫霉的靶向药物筛选、生物农药的研发等奠定了基础。通过创新马铃薯晚疫病智慧测报和减药控害技术，实现了农业农村部提出的马铃薯晚疫病从"见病防治"变为"无病预防"的防治目标。通过试验及示范推广，促进了针对马铃薯晚疫病防控新技术的熟化和推广普及。目前，该技术应用区域覆盖了全自治区80%以上的马铃薯主产区，实现了预警准确率提高34.46%、农药减量20%～50.6%的目标；为内蒙古马铃薯生产安全、质量安全和生态环境安全提供了保障。通过项目实施，建立并优化了内蒙古农作物重大病虫害监测预警数字化平台，开发了内蒙古重大病虫害监测信息系统和内蒙古马铃薯晚疫病监测预警系统，实现了自治区、盟（市）、旗（县）和国家监测预警体系的无缝衔接；通过四级联动、联防联控的高效运转机制，为全国马铃薯晚疫病防灾减灾和减药控害提供了科学有效的手段和方法；通过建立并应用马铃薯晚疫病智慧测报和减药控害技术服务体系，培训了一支高素质植保专业队伍，大大地提高了应对马铃薯晚疫病的监测预警能力和科学防控能力，打通了技术服务的"最后一公里"，为农民脱贫致富和助力内蒙古乡村振兴做出了贡献。

本书的编写契合了2012年农业部实施马铃薯主粮化的战略，以农业科技创新为驱动实现数字化、智能化、绿色化和高效化，是农业新质生产力在马铃薯产业上践行的典型代表，为内蒙古马铃薯产业应对新的机遇和挑战奠定了坚实的基础。本书的出版将大力推进内蒙古现代植物保护体系建设，实现农业有害生物数字化监测预警和科学防控。本书中呈现的马铃薯晚疫病方面生物技术和信息化技术的研究成果是农业农村部和内蒙古农牧厅持续大力支持和全自治区植保体系技术人员共同努力和集体智慧的结晶，是内蒙古产、学、研、政、企联合解决制约内蒙古马铃薯产业健康安全发展的瓶颈因素的重要成果；本书的出版将为共同推动内蒙古马铃薯产业升级，实现绿色高质量发展提供科学的解决方案。

国际马铃薯中心亚太中心主任 卢肖平

2023年12月

前 言

晚疫病是世界范围内危害马铃薯十分严重的一种病害，病株率一般在10%～20%，发病重的地块为80%～100%，历史上曾造成举世瞩目的爱尔兰大饥荒。马铃薯晚疫病严重威胁我国马铃薯产业发展。然而，由于我国马铃薯晚疫病监测预警和综合防控技术工作起步较晚，在项目实施之前，对该病害的发生、流行及监测防控技术方面的研究非常薄弱。而马铃薯晚疫病严重发生已经成为我国马铃薯产业稳健发展的瓶颈问题。因此，建立针对马铃薯晚疫病的监测预警体系，可以为马铃薯的防灾减灾以及减药控害提供科学的保障体系。

本书围绕内蒙古马铃薯晚疫病智慧测报体系的建立、减药控害技术集成，以及马铃薯晚疫病的绿色防控技术展开论述。本书共有四章，其中：

第一章主要介绍了内蒙古马铃薯产业的概况，内蒙古马铃薯晚疫病发生与危害，马铃薯晚疫病的致病机制，马铃薯晚疫病未来的发生趋势及治理对策，内蒙古马铃薯晚疫病防治存在的问题及解决途径。

第二章主要介绍了内蒙古马铃薯晚疫病智慧测报体系的建立，内蒙古马铃薯晚疫病监测预警系统的开发与应用，马铃薯晚疫病智慧测报技术的研发及应用，内蒙古马铃薯晚疫病抗性品种评价体系的基础性研究。

第三章主要介绍了马铃薯晚疫病智慧测报关键技术的研发与应用，致病疫霉有性生殖分子机制的研究，针对马铃薯晚疫病菌生物菌株的筛选和防效测定的研究，内蒙古马铃薯晚疫病智慧测报体系及减药控害关键技术的创新集成和应用。

第四章主要介绍了内蒙古农作物重大病虫害监测预警数字化平台的建立与应用，马铃薯晚疫病智慧测报及减药控害关键技术服务体系的建立，以马铃薯晚疫病为主的重大病虫害数据库的建立，组织管理、创新与应用服务体系的建立及关键技术创新和实践。

由于研究水平有限，书中难免存在错误，恳请各位读者批评指正。同时，书中借鉴了植保前辈很多成功的经验和成果，目的是将马铃薯晚疫病智慧测报及减药控害关键技术进行熟化和推广，打通科技服务的最后一公里。在书稿完成之际，主编携所有编者对多年来给予本项目支持的各界领导、国内外马铃薯晚疫病专家及马铃薯生产企业、种植大户等表示衷心的感谢。

编 者

2023 年 12 月

目 录

序

前言

第一章
马铃薯晚疫病的发生与防治

第一节　内蒙古马铃薯产业概况

马铃薯是内蒙古自治区继玉米、大豆、小麦之后的第四大主粮作物，是内蒙古优势特色主导产业。加快推进马铃薯产业化培育，全方位夯实粮食安全根基，确保中国人的饭碗牢牢端在自己手中，具有十分重要的意义。

当前，我国"三农"工作重心转向"全面推进乡村振兴，加快农业农村现代化"，产业振兴是乡村振兴的物质基础。2022年前，内蒙古自治区57个贫困区县中，有32个是马铃薯主产旗（县），其中种植面积10万亩*以上的20个主产旗（县）中有17个是贫困旗（县）。这些旗（县）农牧民来自马铃薯产业的收入占到种植业收入的1/2，占农牧民人均纯收入的近1/3，部分旗（县）农民收入的一半来自马铃薯。马铃薯是促进农牧民增收致富的主导产业，已成为助力脱贫攻坚、乡村振兴的特色优势产业。内蒙古自治区发展马铃薯产业具有明显的资源优势和巨大的发展潜力，充分发挥资源优势，加快马铃薯产业化进程，将加快推动内蒙古自治区全面建成小康社会进程，具有重要的现实意义。

一、播种面积稳定，产业重要地位日益凸显

内蒙古自治区是马铃薯主产省份之一，常年种植面积和总产量均排在前列，占全国的10%以上，综合生产能力居全国前列。2008年，内蒙古马铃薯种植面积首次突破千万亩大关，跃居全国第一位。到2011年，种植面积更是突破1 100万亩，设施马铃薯发展迅速，以乌兰察布市为中心，包头市、锡林郭勒盟和赤峰市四盟（市）种植面积已超过200万亩。近10年来内蒙古马铃薯种植面积基本稳定在460万亩以上，产业链产值在125亿元以上，脱毒种薯使用率达85%，平均单产从2014年的927.3kg提升到2023年的1 753.3kg，高于全国平均水平24.6%。马铃薯产业在内蒙古自治区农牧业发展中战略地位日益凸显。经过多年培育，内蒙古马铃薯产业已涵盖了种薯、粉条、粉丝、粉皮、淀粉、全粉、冷冻薯条、鲜切薯片、废弃物资源回收利用等方面的全产业链，为马铃薯产业链发展奠定了坚实的基础。

二、优势产区集中，产业化格局基本形成

内蒙古自治区马铃薯主产区集中在中部地区的乌兰察布市、呼和浩特市、包头市、锡

---

* 亩为非法定计量单位，1亩≈0.066 7hm²。——编者注

林郭勒盟、赤峰市，以及大兴安岭沿麓的呼伦贝尔市和兴安盟，这7个盟（市）马铃薯常年种植面积占全自治区95%左右，内蒙古马铃薯播种面积在30万亩以上的旗（县）到2009年上升到13个，全部集中在以上7个盟（市）。其中，乌兰察布市是全国马铃薯种植面积最大的地级市，2022年种植面积300万亩，占全自治区的40%。因此，优势产区集中，产业化格局基本形成。

三、生产条件优越，尤其是适宜种薯种植

内蒙古气候凉爽，日照充足，昼夜温差大，有悠久的马铃薯种植历史，已经发展形成了中西部阴山沿麓和东部大兴安岭沿麓这两大马铃薯优势种植区，年产马铃薯140万t左右。此外，内蒙古具有得天独厚的种薯种植繁育条件，并具有全国唯一的国家马铃薯工程技术研究中心的依托企业和15家自治区级以上重点龙头种薯企业。每年约有200万t优质商品薯和10万t优质脱毒种薯销往山东、河南、广东、上海等十几个省（自治区、直辖市）。并为上海百事（中国）食品有限公司、北京辛普劳马铃薯食品公司等著名企业提供原料薯5万余吨。为强链提供了重要抓手。

四、产业政策体系完善，中国"薯都"落地生根

2008年，"乌兰察布马铃薯"地理标志得到农业部认证。2009年，乌兰察布市被中国食品工业协会正式命名为"中国马铃薯之都"。中国"薯都"落地生根，地位不断巩固。在此背景下，内蒙古马铃薯发展的政策体系逐步完善，相继出台了《内蒙古自治区推进马铃薯产业发展的指导意见》《关于促进马铃薯产业高质量发展的实施意见》。2023年，内蒙古自治区人民政府办公厅《关于推进马铃薯产业链发展六条政策措施的通知》的出台，进一步推动了内蒙古自治区从马铃薯产业大区向马铃薯产业强区迈进。按照马铃薯产业链发展需求，制定并出台一系列不同层次产业发展利好政策，为马铃薯产业化发展打造了良好的政策沃土。

五、交通体系，内通外联，中蒙俄经济走廊贯通"薯都"

内蒙古自治区地跨东北、华北、西北地区，紧邻京津冀、东北老工业基地，马铃薯相关产品的消费市场范围大、潜力大。此外，内蒙古与蒙古国、俄罗斯接壤，是我国向北开放的重要桥头堡，中蒙俄经济走廊横贯"薯都"，拥有马铃薯相关产品出口的区位优势和物流优势。

第二节 内蒙古马铃薯晚疫病发生与危害损失

一、全国马铃薯晚疫病发生分布区划

马铃薯晚疫病是一种毁灭性卵菌病害，在世界各地均有发生，已成为世界粮食作物的最主要病害之一。我国是马铃薯的种植大国，根据国家统计局数据，2011年我国马铃薯种植面积已有500多万hm^2。我国马铃薯产区主要分布于华北和西北（内蒙古、甘肃、陕西、

宁夏、河北、山西)、东北(黑龙江、吉林、辽宁和内蒙古东部)、西南(四川、重庆、云南、贵州)、华南和东南(福建、广东、广西)等地区,马铃薯晚疫病在这些产区均造成了严重危害,其中,对西南山区马铃薯生产的危害尤其大,是限制我国马铃薯生产的主要因素。20世纪50年代,马铃薯晚疫病在我国出现第一次大爆发,后来通过使用杀菌剂和抗性品种,病情得到了将近30年的有效控制,直到90年代初,病情再次出现并一直延续到今天,给我国马铃薯生产带来了巨大危害。

据2010—2012年全国马铃薯晚疫病调查结果显示,该病害在我国各马铃薯主产区发生普遍,其中,部分地区表现轻度发生,包括黑龙江、吉林、辽宁、河北、河南、山西、山东、湖北、湖南、浙江、广东、青海、西藏和新疆,这些地区马铃薯晚疫病发生规模小,但在多雨潮湿的年份,华北地区与山东部分地区危害较重。中度发病地区包括宁夏、内蒙古东部、陕西、云南和福建。西南地区的四川、重庆、贵州和甘肃东部晚疫病较为严重,这些地区气候湿润多雨,生产水平相对低下,适宜该病害的发展。

二、内蒙古马铃薯晚疫病发生情况

在内蒙古马铃薯晚疫病普遍发生,且危害呈上升趋势,已严重影响马铃薯产量、品质和商品率,成为制约马铃薯产业发展的重要因素之一。在多雨、冷凉、适于该病流行的地区,常因该病减产,损失严重。马铃薯晚疫病在全自治区9个盟(市)均有发生,一般年份主要发生在东部的呼伦贝尔市、赤峰市、兴安盟和中西部的乌兰察布市、锡林郭勒盟、呼和浩特市、包头市、鄂尔多斯市。

1958年,锡林郭勒盟马铃薯减产70%～80%;1963年,乌兰察布市察哈尔右翼中旗减产30%;1973年,呼和浩特市郊区损失马铃薯360多万kg,其中35亩地发病率100%;1973年,乌兰察布市化德县、商都县烂窖率3.6%～30%。近年来,马铃薯晚疫病在内蒙古主产区不同区域呈现局部重发生或大发生,2004年、2006年在中东部,2008年在中部,2009—2011年则主要集中在东部偏重或重发生,面积分别达到了138.08万亩、156.47万亩、97.3万亩、64.23万亩和84.02万亩。2008—2021年马铃薯种植面积年均972.69万亩,马铃薯晚疫病发生面积为38.86万～405.96万亩次,占种植面积的4.21%～39.15%,年均发生面积127.32万亩次,平均占13.1%(表1-1和图1-1)。

表1-1 2008—2021年内蒙古马铃薯晚疫病发生情况

单位:万亩次

盟(市)	发生面积														
	2008年	2009年	2010年	2011年	2012年	2013年	2014年	2015年	2016年	2017年	2018年	2019年	2020年	2021年	均值
呼伦贝尔市	0.02	24.6	11.53	31.46	53.81	88.58	54.84	5.7	2.51	1.03	17.36	12.79	3.349	6.2	22.41
兴安盟	8.1	8	10	5.12	12.4	10.02	6.5	4.6	6.98	8.8	5.17	4.5	0.08	4.98	6.80
赤峰市	28.78	20.03	17.33	26.1	31.51	22.91	22.52	23.42	28.26	18.35	16.2	15.2	13.6	14.57	21.34
乌兰察布市	45	0	15.25	15.7	55.1	83.36	0.09	0.16	6.49	0.08	10.5	0.68	2.39	0.591	16.81

（续）

盟（市）	发生面积														
	2008年	2009年	2010年	2011年	2012年	2013年	2014年	2015年	2016年	2017年	2018年	2019年	2020年	2021年	均值
锡林郭勒盟	10.4	5.1	11.5	16.55	44	59.5	18.8	32.5	28.9	2.7	11.4	6.5	6	9.3	18.80
呼和浩特市	5	0	23	17	81.11	74.15	15.18	0	6.3	5.5	2.15	1	6.5	1	16.99
包头市	0.84	0.56	0.6	1.6	108	7	0	0	0	0	1	0.1	0.53	0.5	8.62
鄂尔多斯市	1.3	0	3.1	4.4	20	14	10.35	4.1	2.8	2.4	12.2	5.6	1.6	3.75	6.11
巴彦淖尔市	—	0	0	0	0.03	0	0	0	0	0	0	0	0	0	0.00
全自治区	99.44	58.29	92.31	117.93	405.96	359.52	128.28	70.48	82.24	38.86	75.98	46.37	34.049	40.891	127.32

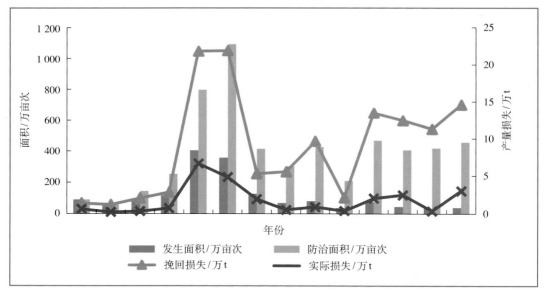

图 1-1　2008—2021年内蒙古马铃薯晚疫病发生和损失情况

从发生年份上看，2012年和2013年分别是马铃薯晚疫病的大发生年和偏重发生年，发生面积分别为405.96万、359.52万亩次，占种植面积的比例分别达45.95%和34.54%（表1-1）。2012年是近几年马铃薯晚疫病发生最重的一年，在马铃薯种植区发生大流行，发病地块病株率一般为10%～20%，发病重的地块为80%～100%，极个别重的损失50%～100%。该病发生面积占种植面积的比例超过50%的盟（市）有5个，依次为鄂尔多斯市、兴安盟、包头市、呼和浩特市、锡林郭勒盟，其中，种植面积较大的包头市发生108

万亩次（是种植面积的1.2倍），呼和浩特市发生81.11万亩次（占种植面积的88.16%），锡林郭勒盟发生44万亩次（占种植面积的56.41%）（表1-2和图1-2）。

表1-2　2012年马铃薯种植、发生、防治和损失情况

区域	盟（市）	种植面积/万亩	发生面积/万亩次	防治面积/万亩次	挽回损失/t	实际损失/t	发生面积比例/%
东部地区	呼伦贝尔市	141	53.81	95.33	14 463.2	5 107.78	38.16
	兴安盟	8	12.4	48.2	21 235.19	2 565.81	155.00
	赤峰市	69.3	31.51	28.01	8 036.8	6 029.4	45.47
中西部地区	乌兰察布市	399	55.1	350	64 540	13 592.4	13.81
	锡林郭勒盟	78	44	106.2	7 970	1 321	56.41
	呼和浩特市	92	81.11	54.5	33 680	9 672	88.16
	包头市	90	108	100.61	64 240.5	25 696.2	120.00
	鄂尔多斯市	2.8	20	15.8	4 433.6	2 507	714.29
	巴彦淖尔市	3.36	0.03	0	0	45	0.89
	全自治区	883.46	405.96	798.65	218 599.29	66 536.59	45.95

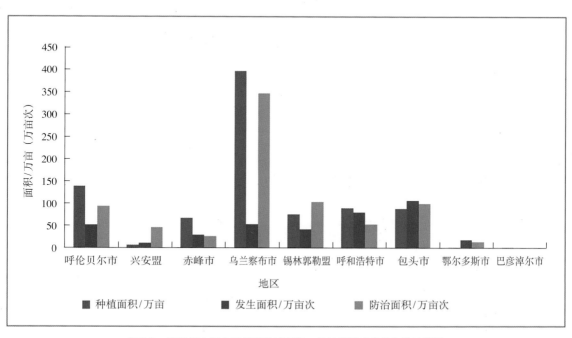

图1-2　2012年内蒙古马铃薯种植面积、马铃薯晚疫病发生防治情况

2013年内蒙古马铃薯晚疫病发生程度中等偏重，局部发生严重（图1-3）。其中，乌兰察布市马铃薯晚疫病偏重发生9.4万亩，一般病株率5%～30%，最高达80%。呼伦贝尔市

马铃薯晚疫病发生面积占种植面积的52.39%，是晚疫病发生最严重的一年，其中，海拉尔区病株率64.1%，病叶率56.6%，发病严重地块出现枯死植株，发生程度为4～5级；阿荣旗马铃薯晚疫病平均病株率为30%，严重地块病株率为100%。呼和浩特市平均病株率为20%～30%，最高病株率为50%，约有7万亩马铃薯田植株枯死，基本绝收。锡林郭勒盟、赤峰市、鄂尔多斯市、兴安盟和包头市马铃薯晚疫病发生程度为中等，局部偏轻。锡林郭勒盟太仆寺旗和正镶白旗平均病株率为2%～3%，最高病株率为10%；多伦县和正蓝旗平均病株率为6%～7%，最高病株率为10%。兴安盟阿尔山市平均病株率为15%～30%，最高病株率在40%以上；科尔沁右翼前旗平均病株率8%，最高病株率为35%。2013年8月24—27日，针对马铃薯晚疫病严重发生的严峻形势，内蒙古自治区植保植检站组织农科教专家对全区马铃薯晚疫病发生防治情况进行督查指导，邀请内蒙古农牧业科学院植物保护研究所白全江所长、内蒙古农业大学胡俊教授赴呼和浩特市、乌兰察布市、锡林郭勒盟的马铃薯种植区实际调查马铃薯晚疫病发生情况，病株率在100%的地块占调研地块的30%以上（表1-3）。

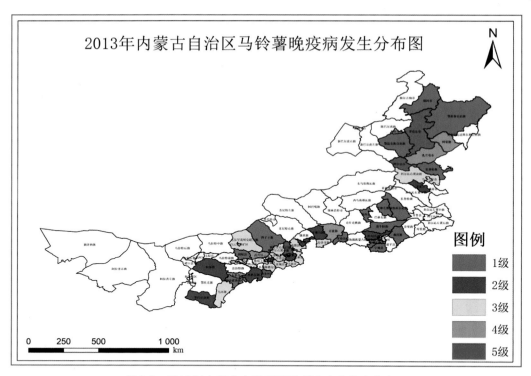

图1-3　2013年内蒙古自治区马铃薯晚疫病发生分布图

表1-3　2013年马铃薯晚疫病发生防控情况

序号	日期	地点	调查地块代表面积/亩	品种	病株率/%	发生程度
1	8月24日	呼和浩特市清水河县宏河镇桂窑乡	100	克新1号（一级种、二级种）		

（续）

序号	日期	地点	调查地块代表面积/亩	品种	病株率/%	发生程度
2	8月24日	呼和浩特市清水河县城关镇		克新1号	100	1
3	8月24日	呼和浩特市清水河县城关镇	3	克新1号	90	1
4	8月24日	呼和浩特市武川县可镇	200		100	2～4
5	8月24日	呼和浩特市武川县可镇	200		5	
6	8月24日	呼和浩特市武川县可镇	6		5	
7	8月25日	乌兰察布市察哈尔右翼中旗土城乡三成店村	300	克新1号	10	
8	8月25日	乌兰察布市察哈尔右翼中旗土城乡成丰薯业基地	350			
9	8月25日	乌兰察布市察哈尔右翼中旗黄羊城镇	200		10	
10	8月25日	乌兰察布市察哈尔右翼中旗黄羊城镇民丰种薯基地	200		5	
11	8月25日	乌兰察布市察哈尔右翼中旗黄羊城镇	200		5	
12	8月25日	乌兰察布市察哈尔右翼中旗科镇义圣和村			5	
13	8月25日	乌兰察布市察哈尔右翼中旗科镇义圣和村	100		100	4
14	8月25日	乌兰察布市商都县西森喷灌圈		夏波蒂原原种	5	
15	8月25日	乌兰察布市商都县麻尼卜村	70		20	
16	8月25日	乌兰察布市商都县西森喷灌圈		夏波蒂商品薯	80～100	
17	8月25日	乌兰察布市商都县西森喷灌圈			20	
18	8月26日	锡林郭勒盟太仆寺旗宝昌镇	1 000	荷兰15	2	
19	8月26日	锡林郭勒盟太仆寺旗红旗镇	1 000			
20	8月26日	锡林郭勒盟太仆寺旗红旗镇	1 000	荷兰15	100	4
21	8月26日	锡林郭勒盟太仆寺旗红旗镇	1 000	荷兰15	5	
22	8月26日	锡林郭勒盟太仆寺旗宝昌镇	2 000	克新1号种薯荷兰商品薯	20	
23	8月27日	锡林郭勒盟正蓝旗黑城子镇一分厂	500		20	1

（续）

序号	日期	地点	调查地块代表面积/亩	品种	病株率/%	发生程度
24	8月27日	锡林郭勒盟正蓝旗黑城子镇	500			

三、内蒙古马铃薯晚疫病危害损失情况

马铃薯晚疫病为流行性病害，是严重威胁世界马铃薯生产和粮食安全的一种病害，同时也是植物病害中流行速度很快的病害之一。当条件适宜时，暴发性强，可对马铃薯造成严重的产量损失，甚至是毁灭性危害。世界各地马铃薯产区均有马铃薯晚疫病发生，流行年一般减产30%，严重时甚至绝收。19世纪40年代（具体年份为1845年），该病曾引起了爱尔兰大饥荒，马铃薯因晚疫病减产50%，导致100多万人饿死，200万人移居海外。在世界范围内，每年由马铃薯晚疫病造成的直接损失高达上百亿美元，其中，发展中国家的直接损失达32.5亿美元，杀菌剂的花费也在7.5亿美元以上。这不仅直接加重了马铃薯生产的成本和风险，而且也造成严重的环境问题，给人类健康带来巨大的威胁。

近年来，马铃薯晚疫病的流行、为害也给内蒙古马铃薯生产造成了严重的产量损失。据统计数据，在2008—2021年经过各种防治措施，14年平均挽回损失为90 024.44t，最高2013年为219 263.96t，最低2008年为14 352.67t。14年平均实际损失为17 995.98t，最高2012年为66 536.59t，最低2009年为2 370.55t（表1-4）。其中，阴山沿麓的乌兰察布市、包头市和呼和浩特市2012年和2013年每年的挽回损失和实际损失相当于其他年份同一地区的8年总和的2～3倍。从图1-4、图1-5可直观看出，马铃薯晚疫病发生严重的2012年和2013年，全区的挽回损失和实际损失均远超其他年份。

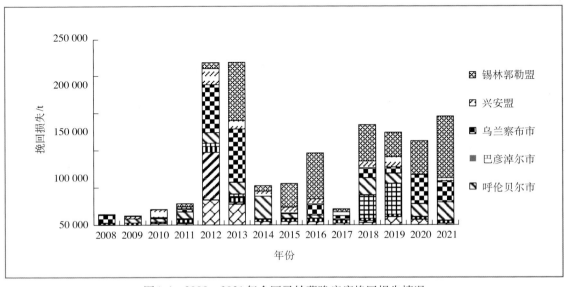

图1-4 2008—2021年全区马铃薯晚疫病挽回损失情况

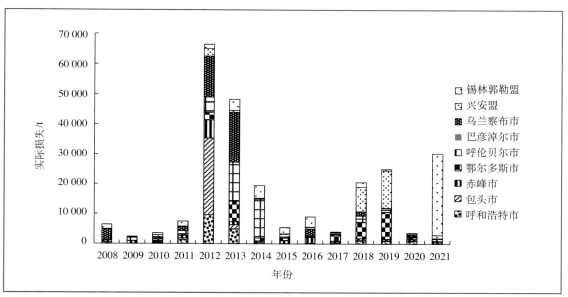

图 1-5 2008—2021 年全区马铃薯晚疫病实际损失情况

表 1-4 2008—2021 年全区马铃薯主产区马铃薯晚疫病危害损失情况

单位：t

项目	年份	呼和浩特市	包头市	赤峰市	鄂尔多斯市	呼伦贝尔市	巴彦淖尔市	乌兰察布市	兴安盟	锡林郭勒盟	合计
	2008	272	115.31	2 251.36	108	0	0	10 350		1 256	14 352.67
	2009	0	18	2 884.09	0	5 495.85	0	0	3 153.3	807.6	12 358.84
	2010	2 000	40	1 898.09	0	4 903.29	0	956	10 800	433.75	21 031.13
	2011	1 986	780	4 726.23	942.5	9 093.6	0	3 978.55	3 122.69	4 013.5	28 643.07
	2012	33 680	64 240.5	8 036.8	4 433.6	14 463.2	0	64 540	21 235.19	7 970	218 599.29
	2013	27 898	2 540	6 093.7	5 073	16 069.5	0	71 845	11 324.76	78 420	219 263.96
挽回损失	2014	4 195	0	2 983.66	871.42	30 388.05	0	36.8	7 124.54	7 258	52 857.47
	2015	4 200	0	3 539.02	1 210.04	5 881	0	1 010	8 058.4	31 768	55 666.46
	2016	4 120	0	4 364.36	270	4 176.88	0	14 820	7 110.4	61 950	96 811.64
	2017	2 299.52	0	4 036.38	50	336.05	0	5 265	5 183	4 161.3	21 331.25
	2018	2 971.1	2 500	3 092.53	31 900	22 984.44	0	13 325	9 045.5	49 254.3	135 072.87
	2019	10 621.52	300	2 938.08	41 733.6	14 282.32	0	7 993	14 040	32 880	124 788.52
	2020	7 040	236	2 944.6	852.0	17 134.05	0	39 478	90	45 468	113 242.75
	2021	1 697	230	3 716.55	310.54	24 303.3	0	28 922.8	3 934	83 208	146 322.19
	均值	7 355.72	5 071.42	3 821.82	6 268.20	12 107.97	0	18 751.44	8 017.06	29 203.46	90 024.44

（续）

项目	年份	呼和浩特市	包头市	赤峰市	鄂尔多斯市	呼伦贝尔市	巴彦淖尔市	乌兰察布市	兴安盟	锡林郭勒盟	合计
实际损失	2008	459	54.64	588.54	58	0	0	3 756		1 481	6 397.18
	2009	0	28.8	877.04	0	1 086.89	0	0	92.42	285.4	2 370.55
	2010	169.6	10	363.04	403	507.01	0	743	697.03	611.5	3 504.18
	2011	1 384	420	949.5	402.5	1 132.57	0	1 365.37	108.66	1 722.72	7 485.32
	2012	9 672	25 696.2	6 029.4	2 507	5 107.78	45	13 592.4	2 565.81	1 321	66 536.59
	2013	4 892	1 460	1 045.66	6 877	13 078.25	0	16 628	676.26	3 636	48 293.17
	2014	458	0	504.63	946.73	13 042.21	0	7.5	301.74	4 198.2	19 459.01
	2015	0	0	1 144.3	730.04	407.6	0	33	964.6	2 110	5 389.54
	2016	160	0	2 001.65	255	132.01	0	2 322	682.6	3 477	9 030.26
	2017	362.12	0	599.83	2 050	9.21	0	325	500	137.7	3 983.86
	2018	812.1	500	553.12	5 366.7	2 150.49	0	1 428.4	8 202.1	1 558.3	20 571.21
实际损失	2019	902.48	100	526.57	9 105.9	1 283.88	0	103	12 480	470	24 971.83
	2020	930	124	457.7	705.02	310	0	574.8	35	498	3 634.52
	2021	93	120	494.1	250.06	667	0	199	1 085	27 408.4	30 316.56
	均值	1 449.59	2 036.69	1 152.51	2 118.35	2 779.64	3.21	2 934.11	2 183.94	3 493.94	17 995.98

内蒙古自治区于2011—2012年在呼伦贝尔阿荣旗、牙克石市开展的马铃薯晚疫病发生程度及危害损失评估试验表明，不同发病程度造成的产量损失为25%～60%，其中感病品种"费乌瑞它"发生程度病情发展曲线下面积（AUDPC）值在661.78%～2 501.4%·d时，损失为29.7%～48.5%；"克新1号"AUDPC值在195.05%～197.3%·d时，损失为17.3%～22.6%。2012—2014年，在呼伦贝尔阿荣旗和赤峰市喀喇沁旗开展马铃薯病虫草综合危害评估试验表明，马铃薯晚疫病在各种病虫害造成的自然危害中占比高，为87.47%～87.62%。

第三节　马铃薯晚疫病致病机制

一、马铃薯晚疫病的侵染循环

（一）马铃薯晚疫病病原菌

马铃薯晚疫病是马铃薯生产中的主要病害之一，导致茎叶死亡和块茎腐烂，是一种毁灭性卵菌病害。病原菌为致病疫霉 [*Phytophthora infestans*（Mont.）de Bary]，属卵菌门疫霉属。在传统的分类学中，致病疫霉被归类为真菌，主要是因为其具有与真菌类似的形态特征，如丝状真菌菌体等。侵染方式也与真菌相似。致病疫霉属活体营养型，可侵染马铃薯、番茄等50多种茄科植物，它通常以无性繁殖为主，但当环境条件适合的时候，也会进行有性生殖。该病原菌专性寄生性较强，一般在植株或薯块上才能生存，能在短时间内引起寄主块茎、茎、叶等腐烂，造成巨大的经济损失。

当无性生殖时，其孢子囊梗从寄主的气孔伸出，顶端膨大形成孢子囊，当条件适宜时，孢子囊萌发，并从其顶端的乳突处释放出6～12个游动孢子。当有性生殖时，致病疫霉通常以异宗配合形式完成，两种不同的交配型（A1和A2）在彼此激素的刺激下，对应菌丝体可分别分化出雄配子（雄器）和雌配子（藏卵器），形成具有双核的卵孢子。有些致病疫霉还可以进行同宗配合，产生卵孢子。卵孢子具有很强的抗逆能力，在病株体内及土壤中均可越冬，是该病重要的初侵染源。

病叶上出现的白色霉状物为致病疫霉的孢囊梗和孢子囊。孢囊梗2～3根，呈丛状自寄主气孔伸出，纤细，无色，1～4个分支，在每个分支的膨大处产生孢子囊。孢子囊大小为（21～28）μm×（12～23）μm，无色、单孢、柠檬形，顶部有乳状突起。孢囊梗顶端形成一个孢子囊后，可继续生长并将孢子囊推向一侧，顶端再次形成新孢子囊。孢囊梗呈节状，各节基部膨大，顶端尖细。一个孢子囊在适宜条件下可产生8～12个游动孢子（图1-6）。

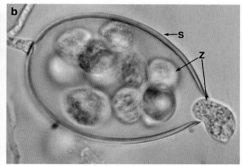

图1-6　致病疫霉（引自Kirk et al.，2004）
a.致病疫霉孢囊梗（Sp）上形成孢子囊（S）；b.孢子囊（S）产生8～12个游动孢子（Z）

一般认为致病疫霉为异宗配合，只有A1和A2交配型同时存在才能发生有性生殖，形成卵孢子。自育和两性菌株的发现，使致病疫霉的有性生殖更加复杂。

2009年《自然》杂志发表了致病疫霉的基因组测序成果，该病原菌基因组大小约240Mb，与已经测序的其他疫霉属卵菌相比要大3～5倍，基因组中转座子和重复序列极高，接近75%，基因组测序为深入研究该菌起源、进化和致病型快速变异等方面奠定了基础。

致病疫霉在相对湿度在85%以上时才产生孢囊梗，且需要更高的相对湿度（95%～97%）才能大量产生孢子囊（表1-5）。孢子囊形成的温度范围为7～25℃，适宜温度为18～22℃。孢子囊和游动孢子在水中才能萌发，孢子囊萌发产生游动孢子所需时间较短，一般为1～2h。孢子囊直接萌发产生芽管的温度范围较广，4～30℃均可萌发，但以

15℃以上为多，直接萌发需要5～10h。游动孢子在12～15℃时容易萌发。孢子囊在低湿、高温下很快丧失生存力，游动孢子寿命更短，但土壤中的孢子囊在夏季可维持生存力长达2个月。菌丝生长温度范围为13～30℃，适宜温度为20～23℃，在此温度下，菌丝体在寄主组织内生长最快，潜育期最短。

表1-5　致病疫霉发育所需温度、湿度环境

致病疫霉发育	温度 / ℃		相对湿度 / %
	范围	最适	
孢囊梗形成			85
孢子囊形成	7～25	18～22	95～97
孢子囊萌发产生芽管	4～30	>15	100
游动孢子萌发	12～15		
菌丝生长	13～30	20～23	

致病疫霉有生理分化现象，有许多生理小种。目前采用一套分别具有R0～R11抗病基因的12个标准鉴别寄主进行活体鉴定。我国马铃薯晚疫病菌生理小种组成日益复杂，马铃薯主产区内蒙古发现了能够克服抗病基因（R1～R11）的超级小种（1.2.3.4.5.6.7.8.9.10.11）。

（二）致病疫霉的演替

直到20世纪80年代初，只在墨西哥同时发现A1和A2两种不同的交配型，意味着其他地区的致病疫霉均可能仅依赖无性生殖来繁衍后代，世界各地的致病疫霉群体结构比较单一、遗传多样性低。对来自全球20个国家的300多个致病疫霉菌株进行同工酶和脱氧核糖核酸指纹鉴定发现，被定名为USA-1的单一基因型在这些收集于20世纪70—80年代的材料中占绝对优势，其他基因型也是由这一基因型突变衍生的，而且来自世界各地的致病疫霉群体有很大的遗传相似性。然而，自20世纪90年代末开始，马铃薯晚疫病菌群体在结构和致病力上都发生了巨大变化，整体上向复杂性、高致病力的群体发展，原来占绝对多数的USA-1现已很难再从自然群体中找到。在美国，这一基因型已被另一被定名为USA-8的基因型取代，后者的致病力比前者高数倍。在英国，被定名为Blue-13的基因型于2003年首次在英国南部的一个小农场发现，即使在当地，这一基因型在当时的群体中所占的比例也很低，可是到了2008年，这一基因型已遍布英国全境，并在群体中占70%以上。

致病疫霉基因组结构特点和有性繁殖可能是造成该病原进化速度快，且群体结构向复杂性、高致病力发展的主要原因。致病疫霉基因组大，有24 000万个碱基对 [大豆疫霉菌（P. sojae）有9 500万个碱基对，栎树猝死病菌（P. ramorum）有6 500万个碱基对]，含有大量的转座子和重复元件（74%），且转座子多分布于效应子基因附近。这一基因组特点有利于形成新的有利突变，然后通过自然选择和基因流将有利突变在群体中放大和传播。自1984年首次在墨西哥以外的地区（瑞士）检测到A2交配型后，A2交配型又先后在欧洲、美洲、非洲、亚洲的许多国家（包括中国）发现。虽然A2交配型在各国或地区的致病疫霉群

体中所占的比例不等，但大都少于50%。在英国，自1984年起，A2交配型在群体中的比例逐年增加，到了2007年，A2交配型在群体中的比例首次超过A1交配型，占整个群体的70%以上。A2交配型在各国的出现意味着除墨西哥外，其他地区的马铃薯致病疫霉也具备了有性繁殖所必需的两种交配型，可以产生卵孢子，通过有性繁殖进行基因重组，形成新的致病力更强的菌株，并通过无性繁殖保存下来。

（三）马铃薯晚疫病症状识别

马铃薯茎、叶、薯块均可受害，叶上的症状最明显。叶片染病，先在叶尖或叶缘出现水浸状绿褐色斑点，病斑周围具浅绿色晕圈，湿度大时病斑迅速扩大为圆形暗绿色斑，最终呈褐色，边缘界限不明显，并产生一圈白色霉状物。病斑扩展到茎部或叶柄现褐色条斑，严重时叶片萎垂、卷缩，终致全株黑腐，全田一片枯焦。湿度大时，病部产生白色霉轮，叶背或雨后明显。茎部染病形成褐色斑，组织坏死变软，导致病部以上叶片和茎叶死亡。块茎染病初生褐色或紫褐色、大块、不规则病斑，稍凹陷，病部皮下薯肉呈褐色，慢慢向四周扩大或烂掉。

（四）马铃薯晚疫病的侵染循环

马铃薯晚疫病是一种多循环、单年流行性病害，条件适宜时，在一个生长季节可以发生多次侵染。致病疫霉的无性繁殖一直被认为是病害侵染循环的重要环节。1958年，在墨西哥发现了A2交配型，一度认为仅在墨西哥存在A2交配型和有性生殖，1986年后，陆续在墨西哥以外的世界大部分国家和地区发现A2交配型，增加了致病疫霉变异的概率，有性生殖在病害侵染循环和病害流行中的作用日益受到重视。

带菌种薯播种后，多数无法发芽，或在出土前腐烂，有一些病芽可以出土形成病苗。温、湿度适宜时，中心病株上的孢子囊借助气流在田间传播扩展，也可随雨水或灌溉水进入土中，从伤口、芽眼及皮孔等侵入块茎，形成新病薯，尤以距地表5cm以内的侵染概率高。致病疫霉在田间一个生长季内可发生多次再侵染，中心病株上的孢子囊可借助气流传播，病菌分生孢子萌发后可侵染寄主，田间温、湿度适宜时，4～7d就可以完成1次侵染，产孢后又可以进入下一个侵染过程，常常10多天就扩散至全田。因此，马铃薯晚疫病流行性强，为害重。

二、内蒙古马铃薯晚疫病流行规律及原因分析

（一）内蒙古马铃薯晚疫病流行规律

内蒙古马铃薯种植分为东部区和中西部区。东部区马铃薯一般5月上中旬播种，于6月底至7月初相继进入开花期，此时是致病疫霉侵染为害的重要时期。一般年份，7月初田间可见中心病株；早发重发年份，6月底可见中心病株，发生盛期一般在7—8月。中西部产区一般在7月中旬田间可见中心病株，早发年份可提前至6月末或7月上旬，发生盛期在7月下旬至8月。马铃薯晚疫病流行程度年度间差异明显，马铃薯易感病期与夏季汛期较吻合，在降水偏多的年份，马铃薯晚疫病流行程度重，一般年份夏季较干旱，中等发生。

（二）影响内蒙古自治区马铃薯晚疫病流行的因素

受马铃薯晚疫病连年重发影响，种薯带菌、大气传菌等情况无法避免。除菌源因素外，影响马铃薯晚疫病流行、为害的主要因素还有气候、品种抗病性、栽培措施、监测防治措施等。

1. 气候因素

马铃薯晚疫病是一种气候型流行性病害，受气候影响很大，特别是田间湿度。在马铃薯现蕾至花期这段时间，如遇阴雨天气，马铃薯晚疫病常会快速扩散流行。马铃薯晚疫病流行程度一般与6—8月的降水情况密切相关，降水偏多年份，马铃薯晚疫病发生重，相反则轻。2012—2013年我国北方马铃薯产区6—8月降水量多高于常年同期，内蒙古大部分地区降水普遍偏多，持续的降水，一方面使马铃薯植株生长茂盛，另一方面使田间通风条件变差，使得田间湿度加大。高湿度和适宜的温度为马铃薯晚疫病的发生、流行提供了有利的气象条件，导致该病流行扩散速度加快，田间发病重，部分感病品种病株率达100%。2008—2011年、2014—2019年北方夏季干旱，马铃薯晚疫病发生较轻。

2. 品种抗性

目前，马铃薯主栽品种普遍抗病性较差。据统计，各产区感病品种的种植面积占70%以上，且规模种植区的品种单一，有利于马铃薯晚疫病流行为害。一些感病品种，如费乌瑞它、大西洋、早大白、夏波蒂等，由于品质好，田间种植面积很大，气候适宜时，这些品种田间病株率通常在80%以上，发病后期病株率常高达100%；较抗病的呼H99-9、呼H99-8、黄麻子、东农303、延薯4号和兴加2号等品种，田间病株率一般较低，但种植面积较小。

3. 种薯带菌

部分种薯在种植过程中发生马铃薯晚疫病，窖藏时仍带菌，是初侵染的主要来源。

4. 耕作和栽培方式

种植密度过大，通风透光不良，容易造成田间小气候湿度大。马铃薯的耕作方式（大垄栽培、小垄栽培）与马铃薯晚疫病的发生具有一定关系，如小垄地势低洼、排水不畅、通风透光不良，连续阴雨天气造成田间湿度过大，有利于该病的发生。

东部区呼伦贝尔市以大兴安岭为界，分为岭南和岭北两个马铃薯种植区，岭北种植区主要包括海拉尔区周边、牙克石市和鄂伦春自治旗；岭南种植区主要包括博克图镇（归牙克石市管）、扎兰屯市、阿荣旗和莫力达瓦达斡尔族自治旗。岭北种植区耕作方式以大垄栽培为主，最小垄宽70cm，海拉尔区及周边、牙克石市等地垄宽一般都在90cm；岭南马铃薯种植区的耕作方式主要是小垄栽培，一般垄宽在63～65cm。岭南和岭北马铃薯晚疫病中心病株出现日期具有显著差异，岭北马铃薯晚疫病发病早，中心病株在7月中旬即可出现，岭南马铃薯晚疫病发病较晚，中心病株出现一般在7月下旬或8月上旬。2008—2013年岭南和岭北马铃薯晚疫病大范围流行年份不同，在岭北该病易发、易流行，每年都有不同规模发生，较大规模流行主要发生在2008年、2011—2013年；岭南马铃薯种植区晚疫病每年在个别地块发病，损失相对轻，较大范围流行发生在2013年。博克图镇马铃薯晚疫病流行频率较高，在2008年、2011—2013年均有不同程度的流行。

商品薯、晚熟品种，以及土壤肥力好的地块应稀植，种薯、早熟品种，以及土壤肥力差的地块应适当密植。呼伦贝尔市北部区海拉尔区、牙克石市主要以大垄密植为主，垄距在80～90cm，株距15～20cm。呼伦贝尔市南部区扎兰屯市、阿荣旗主要以小垄稀植为主，垄距在65cm，株距25～30cm。马铃薯晚疫病高发年份，大垄密植，有利于机械操作，通风透光，感病率明显降低。近年来，阿荣旗马铃薯种植户以小垄密植为主，垄距65cm，株距20cm，亩保苗5 000株，田间通风透光较差，易引起该病发生。

5.播期不合理

内蒙古马铃薯一般在5月上旬播种，7月中旬大部分品种处于盛花期和薯块膨大期，生长需求最大，抗病力减弱，而7月至8月中旬内蒙古处于多雨、多雾季节，空气相对湿度大，开花期赶上雨季，易加重病害。对于早熟品种，可适当调整播种期，早播或晚播，以避开马铃薯晚疫病发生时期，收获的马铃薯的品质较好。呼伦贝尔市扎兰屯市的极早熟品种东农303、早大白采用地膜覆盖栽培，于4月中旬播种，6月末收获，不仅避开了该病的大发生时期，还省去了化学药剂的费用支出，收益较好。2011—2012年，通过调查呼伦贝尔市阿荣旗马铃薯播种时间，适时晚播可明显减轻该病为害。2012年，阿荣旗良种场测报站的马铃薯播种时间为6月11日，10月上旬收获，未发生马铃薯晚疫病，而5月1日正常播种地块马铃薯晚疫病发生程度为中等—偏重发生，严重地块大发生。

6.设施条件

滴灌、喷灌等设施有助于马铃薯生产，集中连片种植，会形成一定的田间小气候环境，但马铃薯在开花期易感病，利于马铃薯晚疫病的发生、流行与蔓延。

7.偏施氮肥

偏施氮肥、土壤贫瘠、黏土均会降低植株抵抗力，有利于病害的发生，而增施钾肥可减轻为害。马铃薯是高产、喜钾作物，马铃薯每生产1 000kg块茎需要吸收纯氮5～6kg，五氧化二磷1～3 kg，氧化钾10～12kg。农户为提高产量，加大对氮肥（尿素）的施入，在现蕾期多次追肥和叶面喷肥，施肥量300～750kg/hm^2，造成植株徒长；频繁机械操作，使马铃薯叶片损伤，易受致病疫霉的侵染，抗病力降低。经验丰富的马铃薯种植专业户依据马铃薯的营养特点，以及对氮、磷、钾养分的需求比例进行全程平衡施肥。多数采用以测土配方施肥为主，适量配加低浓度缓释肥作基肥，在马铃薯现蕾期，追施适量氮肥的方法，在长势好的情况下，可不进行追肥，以减少大田的机械操作次数，降低发病率。

8.管理粗放

未及时监测，一旦错过防治适期，病害很容易快速蔓延至全田，为害严重，特别是2012年马铃薯晚疫病在全区大范围偏重至大发生，部分地方药剂防治时间过晚，马铃薯田间发病严重时才开始喷药防治，已错过最佳防治时间。

9.滥用药和不对症用药

西部区乌兰察布市、呼和浩特市等地大面积种植商品薯，未根据气候情况预防马铃薯晚疫病，每年按照农药公司提供的"药剂施用年历"施药8～10次，最高施药13次防治马铃薯晚疫病，造成种植成本的上升和对生态环境的污染。

第四节 马铃薯晚疫病未来发生趋势及治理对策

一、马铃薯晚疫病的未来发生趋势

在未来的数年或数十年内，马铃薯晚疫病依然将是我国甚至世界马铃薯生产的主要约束因素之一，尤其是在我国温暖、潮湿的西南山区。A2交配型和自育型在世界各地大部分地区出现。品种遗传结构的单一化，种植面积的不断增加，全球农业商品贸易的普及，生产越发密集，以及致病疫霉本身基因组结构特点和远距离传播能力等诸多因素，加快了致病疫霉新型生理小种和抗药基因型的形成和扩散速度，缩短了抗性品种和化学药剂的使用寿命，加大了该病大暴发的风险。受现有耕作体制和人类行为的影响，致病疫霉或将向复杂型、高致病力方向发展。气候变迁一方面可能导致全球变暖，从而使每年的越冬菌源增加，该病发生和流行时间提前，应该提早做好病害防控准备，但由于致病疫霉对温度的反梯度适应性，气候变暖本身对该病流行强度的影响可能不大；另一方面可能导致频繁的极端气候或灾变，如干旱、洪涝等，使该病的发生和流行更具多变性和突发性，应该加强病害的预测预报工作。

二、马铃薯晚疫病的未来治理对策

未来的马铃薯晚疫病防控应多学科合作，从遗传学、育种学、栽培学、病理学、药理学、生态学和进化生物学角度研究马铃薯的抗性机理、杀菌剂的生化模式、致病疫霉菌的演变规律，以及寄主抗性、品种布局、农艺操作和杀菌剂的使用方法对致病疫霉菌进化和品种寿命的影响，建立一套集寄主抗病性、病原菌群体的时空分布、致病疫霉的早期诊断及气候因素的多元预测预报系统。

栽培抗病品种是控制马铃薯晚疫病最经济、简便、有效、环保的方法。马铃薯对致病疫霉的抗性分主效和非主效两种。主效基因控制的马铃薯晚疫病抗性是单基因控制的质量性状，与致病疫霉呈现出基因对基因互作，这种由主效基因控制的抗性品种使用寿命不会很长。虽然由多基因控制的非主效抗性可以延缓抗性品种的使用寿命，但由于致病疫霉群体的易变异性和快速进化，使多基因控制的非主效抗性无法长时间保持。在品种选育上，应该注重发掘新型主效抗病基因和培育同时具有主效和非主效抗性基因的品种，并通过抗性基因在空间和时间上的合理布局，如不同抗性基因的轮流使用，以达到生态、持久控制马铃薯晚疫病的目的。

虽然使用化学农药成本高，使用不当会造成环境污染及危害人畜健康。但在缺少抗性品种的情况下，使用化学药剂仍是控制晚疫病的主要方法。然而，大面积使用化学药剂会导致其迅速失效。以甲霜灵为代表的苯基酰胺类杀菌药剂在该病的防治中曾有非常好的效果，但自从1981年荷兰、爱尔兰出现了抗甲霜灵的菌株之后，各国陆续出现了高抗菌株，使得该类药剂的防治效果明显降低。代森锰锌也逐渐失去对致病疫霉的防效，应该慎重使用。烯酰吗啉和银法利的效果很好，但由于使用量逐年提高，预计它们的效果会逐渐减退，建议和其他不同作用机理的化学药剂轮流使用。

使用优质种薯依然是该病防控的重要环节，但初侵染源可能不局限于带菌种薯或周边的茄科作物，如西红柿，应该加强田间及周边地的卫生和杂草管理。在栽培上，提倡使用高质量种薯和小整薯播种，播种时剔除带菌或疑带菌种薯，调整滴灌方法和时间，增施有机肥和磷、钾肥等。

第五节　内蒙古马铃薯晚疫病防治存在问题及解决途径

马铃薯晚疫病是影响内蒙古乃至全国马铃薯产业的主要问题，也是影响马铃薯生产安全、质量安全和生态环境安全的主要瓶颈。所以，为马铃薯晚疫病防灾减灾和减药控害提供科学有效的手段和方法成为当务之急。

一、马铃薯晚疫病防治存在问题

（一）马铃薯晚疫病监测预警技术落后

内蒙古地区耕地面积大，东西跨度大，马铃薯种植区大多分布在阴山沿麓和兴安岭沿麓，交通不便，当地农业部门缺乏人员和交通工具，致使监测预警信息采集调查面小、代表性差，影响了病虫信息发布的及时性、准确性。

原有的监测调查设备大都停留在手查目测水平，与病虫测报信息化、自动化、智能化的要求有很大差距，缺乏网络设备和病虫害数据自动化采集设备。按照传统的监测调查办法，基层测报技术人员于4—11月按要求进行系统调查和大田普查，到田间调查近上千次，采集上万个数据，没有交通工具很难保障测报调查数据的时效性。因此，病害的预测预报工作不及时，往往在田间已经出现中心病株后才进行防治工作，而此时已经错过了防治的最佳时期，农户只能选择速效的、毒性较高的药剂进行防治，增加了防治成本，造成了严重的环境问题。

（二）马铃薯晚疫病的化学防治严重威胁环境和食品安全

由于我国并非马铃薯及其野生种质资源的产地，马铃薯抗病育种可利用的资源有限，转基因抗病品种的研究尚处于初级阶段，加之我国大部分马铃薯产区的气候条件适宜马铃薯晚疫病的发生和为害，因此，化学防治仍是目前防治该病的主要手段。

从作用机制方面来看，现有化学药剂的作用机制相对集中在线粒体呼吸的干扰或阻碍、膜结构的破坏、物质代谢与合成的影响、相关功能酶的抑制等方面，大多具有高度选择性，作用靶点单一，但由于卵菌具有的明显生理分化和快速遗传变异的特性，单靶点的杀菌剂很容易产生抗性，从而影响杀菌效果，如吡唑醚菌酯、氰霜唑、甲霜灵等，已经面临着较严重的抗性问题。

此前的马铃薯晚疫病监测手段、预警技术落后，技术人员只能手查目测，马铃薯主产区大多位于偏远的山区，技术人员到现场监测调查效率低，费时费力，病害的预测预报工作处于被动状态。往往在田间已经出现中心病株后才组织发动防治工作，而此时已经错过了防治的最佳时期，只能选择速效的、毒性较高的药剂进行防治，防治该病的农药施用量和施用频率逐年加大，有的杀菌剂施用次数每季甚至多达20次，化学农药的大剂量和高频率使用，严重威胁着环境、食品安全和人类健康，也更加重了病原菌的抗药性问题。

尽管喷施化学杀菌剂具有见效快、方便操作等优点，但随着化学药剂的大量使用，病菌的抗药性逐渐增加，需加大化学杀菌剂的使用剂量和使用次数才能达到防治效果。这大大增加了环境和生产成本，与现代人们追求的绿色农业相矛盾。

二、马铃薯晚疫病防治问题的解决途径

（一）智慧测报是提高病虫害监测预警能力的必然选择

1.马铃薯晚疫病等重大病虫害的加重发生，迫切需要提高监测预警能力

进入21世纪以来，受全球气候变暖、耕作制度变化和农产品贸易激增等因素影响，内蒙古包括马铃薯晚疫病在内的农作物重大病虫害发生、为害呈持续加重态势，表现为暴发频率增加、迁飞性害虫此起彼伏、流行性病害连年猖獗、区域性种类突发成灾、检疫性有害生物种类大肆侵入和抗药性增强，对农业生产的稳定发展和国家粮食安全构成了严重威胁。《国家粮食安全中长期规划纲要（2008—2020年）》特别提出，要通过加强监测预报，提高病虫害的防控能力。尽快提高监测预警能力，提高预报的准确性和时效性，以制定科学的防控决策，适时开展防治，提高防治效果，减少产量损失，达到保产增收，保障国家粮食安全和主要农产品有效供给的目的。

2.生产管理对信息要求的提高，增加了智慧测报建设的迫切性

近年来，政府及农业生产管理部门对重大病虫害发生与防控信息的要求越来越高，不仅要反应迅速，而且要全面准确，对信息分析处理的要求更高、更细。如从2008年开始，农业部[*]根据生产管理需要，加强了重大病虫害发生与防控信息的调度工作，对全国重大病虫害发生与防控情况实行周报制度，对特别重大的灾情实行日报和随时报告制度。与此同时，各省各地也相应地加大了病虫信息的调度力度，力求全面、准确、快速、翔实地掌握每个地方的病虫发生情况及防治工作进展。加快构建国家、省、市、县4级体系架构的监测预警数字化平台，实现监测数据采集标准化、汇报制度化、传输网络化、分析规范化，提高病虫信息的采集、分析处理能力，为生产管理部门和广大农民提供更加全面、及时的监测预警信息服务，为有效控制病虫害，保障农业丰收提供有力的技术支撑。

（二）健全监测预警网络、改善监测预警装备、提升技术手段是提升监测预警能力的基本保障

内蒙古耕地面积大，东西跨度大，马铃薯种植区大多分布在阴山沿麓和兴安岭沿麓，交通不便，大多是贫困县，当地农业部门人员和交通工具缺乏，致使监测预警信息采集调查面小、代表性差，影响了病虫信息发布的及时性、准确性。

原有的监测调查设备大都停留在手查目测水平，距离病虫测报信息化、自动化、智能化的要求有很大差距，缺乏网络设备和病虫害数据自动化采集设备。

按照传统的监测调查办法，基层测报技术人员于4—11月按要求进行系统调查和大田普查，到田间调查近上千次采集上万个数据，没有交通工具很难保障测报调查数据的真实性。

---

[*] 2018年3月，根据第十三届全国人民代表大会第一次会议通过的国务院机构改革方案，将农业部的职责整合，组建农业农村部，不再保留农业部。——编者注

（三）智慧测报为提升内蒙古马铃薯晚疫病灾情防控水平，实现减药控害提供科学手段和方法

气候条件一旦适宜，马铃薯晚疫病的发生及流行蔓延速度较快。马铃薯晚疫病监测预警系统可以根据不同品种的感病情况确定防治时期，进行精准施药的科学防控指导；同时通过设立专业化综防区、种植大户传统防治区、农民自防区、非防区等，调查统计不同处理区的马铃薯晚疫病发生、为害情况，防治时间、用药次数、用药品种、用药量等信息，对比分析产量结果，用产量损失和投入成本计算效益，从而找到科学防控、精准施药和农药减量控害的方法和途径。

应用马铃薯晚疫病智慧测报及减药控害技术，不但能让种植大户真正得到实惠，而且让科技人员在进行技术指导时，有科学的理论依据，节约成本，省时省力。给农民带来经济效益的同时，极大地提高社会效益，减少化学农药的使用，减轻环境污染。

（四）加强相关基础研究是提高病害综合防控能力的重要组成部分

1.深入研究马铃薯抗病机制，为抗病品种选育奠定基础

选育抗病品种是防控植物病害最经济有效的措施。病原菌与寄主协同进化，相互对抗，致病疫霉基因组较大，在选择压力下，变异进化快，容易快速克服品种的抗性，防治比较困难。目前，已经鉴定出的马铃薯主效抗性基因有70多个，但绝大多数抗性基因已经失效。为了科学鉴选和利用持久抗病的理想靶标，需要继续挖掘和克隆马铃薯野生种和茄属近缘种中潜在的马铃薯晚疫病广谱新抗原，通过基因工程途径进行多基因聚合，合理组合已克隆的广谱抗性基因，培育马铃薯高抗新品种或创造新种质。

2.病原菌生殖调控机制研究，为马铃薯晚疫病防控靶向药物的筛选指明了方向

针对疫霉属病原菌引起的植物病害问题，各国科学家做出了巨大的努力，然而，受疫霉菌的发病机理、生殖调控机理及相关调控物质等基本科学问题认知水平的限制，到目前为止，尚未找到十分有效防治农作物疫霉菌病害的方法。疫霉菌的有性生殖对其物种的演化和延续起着重要作用。揭示性激素调控的疫霉菌有性生殖分子机理，鉴定参与疫霉菌有性生殖过程的重要功能基因，可为马铃薯晚疫病防控靶向药物的筛选指明方向。

（五）马铃薯晚疫病的生物防治，是促进马铃薯产业绿色发展的重要途径

在倡导清洁生产和生态农业的背景下，利用生防细菌及其代谢物抑制致病疫霉生长，从而防治马铃薯晚疫病拥有巨大潜力。生物源杀菌剂在防治马铃薯晚疫病方面的应用越来越广泛，该类杀菌剂主要通过产生抗生素或其他分子、与病原菌竞争养分和生存空间、诱导植物体内产生抗性对病菌进行抑制。生物源杀菌剂不易产生抗药性，而且对环境安全，丁子香酚、苦参碱、香茅油以及知母提取物等植物源杀菌剂已取得了较好的应用效果。

生物源杀菌剂有较好的保护作用，但目前未发现生物源杀菌剂有显著的治疗作用，此外对部分生物源活性物质的研究仍处于试验阶段，对杀菌剂有效成分的鉴定及其作用机制的研究不够深入，因此研发新型生物源杀菌剂，寻找合理的新型混剂方案是未来防治马铃薯病害的研究热点。

第二章
内蒙古马铃薯晚疫病智慧测报体系建立与应用

第一节 内蒙古马铃薯晚疫病监测预警系统开发与应用

内蒙古自治区农牧业技术推广中心通过引进比利时埃诺省农业与农业工程中心（CARAH）的马铃薯晚疫病预测模型，与北京汇思君达科技有限公司合作，根据内蒙古马铃薯晚疫病发生实际，研发了内蒙古马铃薯晚疫病监测预警系统。该系统通过安装在田间的马铃薯晚疫病监测仪获取田间气象数据，并将数据实时传输到服务器，依据温度、湿度条件，分析模型自动生成致病疫霉侵染曲线，系统实时预警并给出精准科学防控策略。实现了对致病疫霉侵染过程的自动、实时监测，根据监测预警结果，将马铃薯晚疫病防治策略从见病防治变为无病预防，大大提高了对马铃薯晚疫病的防治效果，为保障马铃薯生产安全提供了强有力的技术支撑。

一、内蒙古马铃薯晚疫病监测预警系统开发

通过建立内蒙古马铃薯晚疫病监测预警技术体系，使马铃薯晚疫病的中长期预警准确率在96%以上。该项目能对马铃薯晚疫病进行及时、准确的监测预警，科学决策防治，能确保马铃薯产业安全，有效减少化学农药的施用量，达到"减药增效"的目的，带来显著的经济、社会和生态效益。

（一）主要目标

①建立内蒙古马铃薯晚疫病监测预警体系，实现对马铃薯晚疫病的自动、实时监测预警，为政府部门的决策提供科学依据。

②建立马铃薯生产基地气象数据库和植保专家咨询系统，开发防治决策支持系统，实现对马铃薯晚疫病的定时、定点、定量管理。

③完善信息推送方式，把预报信息通过短信、微信、App 3种方式，及时、有效地推送给种植户。

④结合远程视频诊断系统，实时监控田间真实的发病情况，统一指挥田间防控。

⑤通过项目的实施，将该系统上升为内蒙古马铃薯物联网平台。

（二）研究与开发内容

①建设内蒙古马铃薯晚疫病监测预警站点。在不同马铃薯生产区域安装全自动马铃薯晚疫病监测仪，通过全球定位系统（GPS）定位记录各监测点的信息，包括马铃薯种植品种、经纬度、海拔等。

②构建内蒙古马铃薯晚疫病监测预警系统。采用现代信息技术、传感技术、物联网技术、无线传输、远程实时监控、信息管理、地理信息系统（GIS）等技术，将CARAH的马铃薯晚疫病预测模型整合到系统中，实现全程无人值守。

③采用全野外自动数据采集方式，数据实时采集、自动入库，达到数据共享的目的。提供全站点GIS分析和显示，实时查看各监测点的气象数据和侵染数据，同时提供湿润期、侵染代次等统计分析功能。

④通过系统自动分析数据，根据马铃薯晚疫病预测模型，开发防治决策支持系统。

⑤采用多模式的信息推送方式，可同时通过万维网（web）、微信、App进行预警信息推送。

⑥开发远程视频诊断系统，快速判断田间的发病程度，为统防统控提供依据。

（三）技术路线

内蒙古马铃薯晚疫病监测预警系统是基于物联网、互联网技术构建的数字化监测预警平台，主要由马铃薯晚疫病监测仪、无线通信设备、数据采集分析软件、预警短信服务、web浏览器、手机客户端、微信端七大部分组成，将监测终端、无线通信、web技术、植保知识、马铃薯晚疫病知识、专家经验、人工智能技术、GIS、决策支持系统（DSS）等多方面的功能有机地结合起来，可在田间安装有马铃薯晚疫病监测仪的种植区实时监测、预警和诊断马铃薯晚疫病发生情况，通过气象数据分析制定科学的防控策略，及时为种植户提供马铃薯晚疫病预警和防治技术信息。

内蒙古马铃薯晚疫病监测预警系统框架，见图2-1。

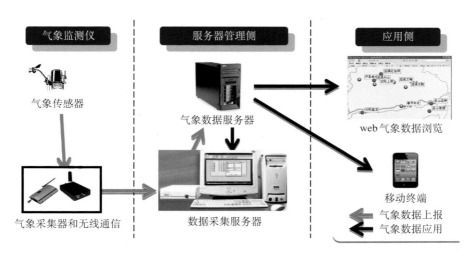

图2-1　内蒙古马铃薯晚疫病监测预警系统框架

内蒙古马铃薯晚疫病监测预警系统流程，见图2-2。

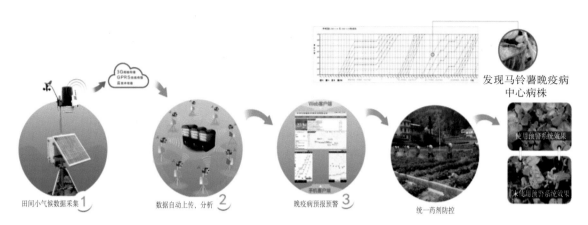

图2-2　内蒙古马铃薯晚疫病监测预警系统流程

1.系统总体结构设计

系统逻辑结构如图2-3所示。

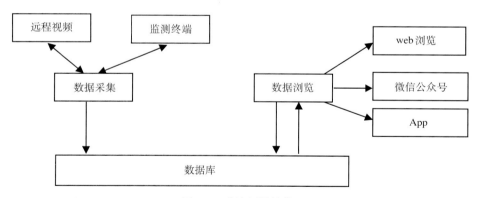

图2-3　系统逻辑结构

2.系统功能模块设计

具体系统功能模块见图2-4。其中，数据模块、侵染分析模块、防治决策模块是核心部分。主要功能如下：

①实时自动采集气象数据。气象数据每隔1h自动采集1次，避免人工干预，真正做到无人值守模式。

②多监测点气象数据同步采集。对气象数据进行实时分析，并显示在系统GIS地图上，直观明了地显示马铃薯晚疫病发生程度及地域分布，并通过图形直观比较全市各个地区、各个时间段的马铃薯晚疫病发生情况。

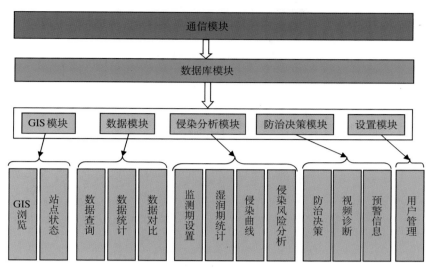

图2-4 系统功能模块

③实时侵染分析。针对各监测点的气象数据，实时提供马铃薯晚疫病侵染分析，包括侵染曲线，侵染期间温、湿度信息等。

④防治决策制定。根据监测预警系统对侵染情况的分析结果，系统判断监测点马铃薯晚疫病是否施药，以及施药的种类，并制定相应的防治措施。

⑤气象数据共享。通过web向相关部门和机构共享马铃薯监测点的相关气象数据及侵染分析数据。通过web，还可查询各种气象数据、进行报表统计和曲线分析等，可使浏览人员更快捷地分析气象数据。

⑥手机浏览侵染实况及气象数据。通过安装手机客户端软件或通过微信公众号"马铃薯防控物联网"，在任何时间、任何地点实时浏览侵染实况及气象数据。

⑦预警短信服务。监测预警系统发现监测点进入侵染最佳防控时期时，为了及时将预警信息告知种植户，可通过预警短信服务功能，将防控决策信息直接发送到相关种植户和技术人员的手机上，避免错过最佳防治时间。

⑧视频诊断。结合远程视频，实时诊断田间马铃薯晚疫病的发病程度，统防统控。

二、内蒙古马铃薯晚疫病监测预警系统应用

内蒙古马铃薯晚疫病监测预警系统提供了3种功能展示方式：电脑web应用、微信小程序、App，该系统利用互联网技术，用户可以随时随地用电脑或手机登录。系统首页设置了用户名、密码，根据不同权限，可以浏览下载马铃薯晚疫病相关的实况数据。没有用户名、密码的操作人员也能在首页上了解到所有监测点马铃薯晚疫病的实时发生情况（图2-5）。

图2-5 系统软件应用图

内蒙古马铃薯晚疫病监测预警系统在web上的功能设计和应用

1.首页

打开网页浏览器，输入网址http://neimeng.chinablight.org，即可进入"内蒙古马铃薯晚疫病监测预警系统"主页面，点击系统首页右上角"登录"按钮，弹出用户登录对话框，输入用户名、密码、验证码后，点击"登录"，就可登录"内蒙古马铃薯晚疫病监测预警系统"主界面（图2-6）。

图2-6 "内蒙古马铃薯晚疫病监测预警系统"首页

在主界面导航菜单下面可以看到内蒙古自治区发生侵染的监测点及未发生侵染的监测点数量。各监测点标注在首页GIS地图上，根据不同情况显示不同的颜色，其中绿色代表未侵染，蓝色代表第1代侵染，黄色代表第2代侵染，红色代表第3代或第3代以上（即需要防治的代数）侵染，灰色代表工作不正常或未投入使用。预警动态一栏实时发布监测预警和防治信息。

（1）侵染热力图

首页提供侵染热力图分析，它针对选择的某一个区域、某一年份，以及查询的某一个区域下所有监测点的侵染信息，通过GIS地图直观展示监测点的最新侵染状态，如图2-7所示。

图 2-7　侵染热力图分析

（2）防控建议

为了更好地了解和使用内蒙古马铃薯晚疫病监测预警系统，在系统首页的右上角有"防控建议"按钮，可通过点击，快速了解防控建议、杀菌剂选择、晚疫病症状、品种抗性等关键信息，帮助用户更快、更好地使用该系统（图 2-8）。

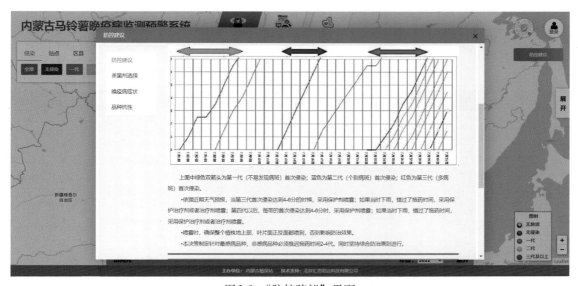

图 2-8　"防控建议"界面

2.数据分析

系统通过田间的小气候监测仪每小时自动采集温度、湿度、雨量、露点、风向、风速等气象数据，并通过数据传输模块，将气象数据传输至系统服务器。用户可以查询、比较和统计各监测点的气象数据。用户点击“数据分析”，进入气象数据查询、分析与管理页面，分别点击“数据查询”“数据统计”“数据对比”“数据曲线”等按钮，选择要查询或分析的监测点、时间，即可获得相应数据。

（1）数据查询

用于查询某监测点气象要素数据（图2-9），提供日查询、月查询两种快捷方式。

时间	温度°C	湿度%	最高温度°C	最低温度°C	雨量mm	风速m/s	风向	气压hPa	露点°C
2024-03-30 00:00:00	2.8	43	3.9	2.8	0	0.9	NE	943.7	-8.5
2024-03-30 01:00:00	3.3	43	3.5	2.6	0	0.9	NNE	944	-8.1
2024-03-30 02:00:00	0.2	47	3.3	0.2	0	0.4	NNW	943.9	-9.8
2024-03-30 03:00:00	0.2	47	0.8	0	0	0.4	SW	944	-9.8
2024-03-30 04:00:00	1.5	44	1.5	-1.2	0	0.4	WSW	944.4	-9.5
2024-03-30 05:00:00	2.6	41	2.6	0.8	0	0.9	WSW	944.7	-9.4
2024-03-30 06:00:00	1.6	38	2.6	1.4	0	0.9	WNW	945.7	-11.3
2024-03-30 07:00:00	2.7	32	2.7	1.3	0	1.3	NE	946.9	-12.4
2024-03-30 08:00:00	3.3	25	3.4	2.7	0	1.8	NNE	947.3	-14.9
2024-03-30 09:00:00	4	22	4	3.2	0	2.7	NNE	947.1	-15.9
2024-03-30 10:00:00	5.9	19	5.9	4	0	1.8	N	947.6	-16
2024-03-30 11:00:00	7.2	15	7.3	5.7	0	1.8	NE	947.5	-17.8
2024-03-30 12:00:00	9.2	12	9.2	7.3	0	1.8	NNE	946.9	-18.8

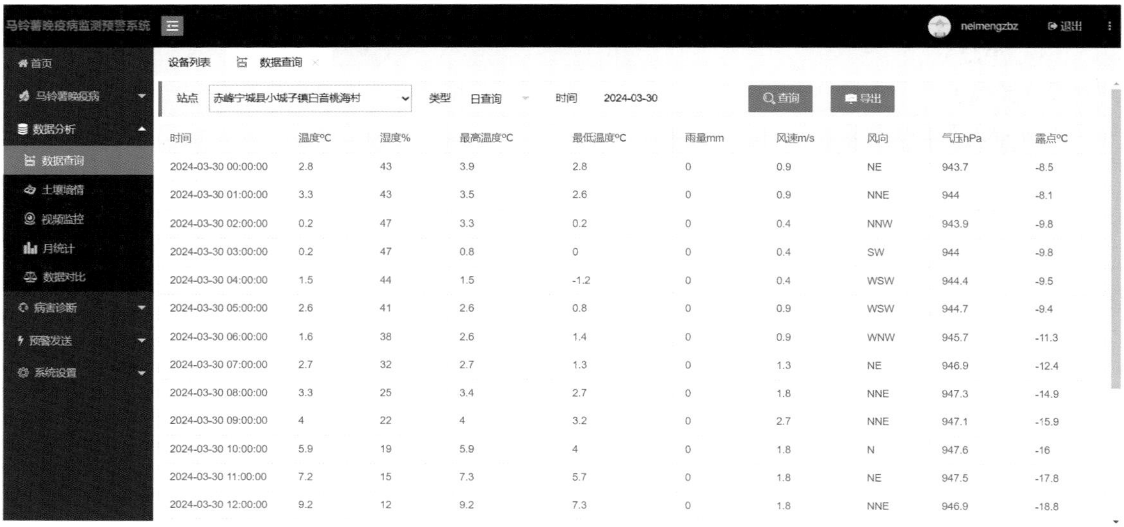

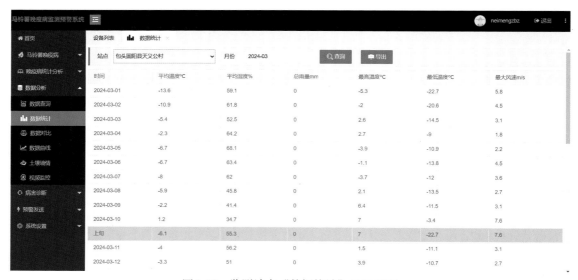

图2-9　监测站点“数据查询”显示界面

（2）数据统计

按监测站点年-月-日形式查询，统计出气象数据日平均值，上、中、下旬平均值，月平均值（图2-10）。

时间	平均温度°C	平均湿度%	总雨量mm	最高温度°C	最低温度°C	最大风速m/s
2024-03-01	-13.6	59.1	0	-5.3	-22.7	5.8
2024-03-02	-10.9	61.8	0	-2	-20.6	4.5
2024-03-03	-5.4	52.5	0	2.6	-14.5	3.1
2024-03-04	-2.3	64.2	0	2.7	-9	1.8
2024-03-05	-6.7	68.1	0	-3.9	-10.9	2.2
2024-03-06	-6.7	63.4	0	-1.1	-13.8	4.5
2024-03-07	-8	62	0	-3.7	-12	3.6
2024-03-08	-5.9	45.8	0	2.1	-13.5	2.7
2024-03-09	-2.2	41.4	0	6.4	-11.5	3.1
2024-03-10	1.2	34.7	0	7	-3.4	7.6
上旬	-6.1	55.3	0	7	-22.7	7.6
2024-03-11	-4	56.2	0	1.5	-11.1	3.1
2024-03-12	-3.3	51	0	3.9	-10.7	2.7

图2-10　监测站点“数据统计”显示界面

（3）数据对比

按日期、时间查询各监测站点气象数据，统计出某一天某一时刻各监测站点的气象数据。"数据对比"界面显示站点名、数据时间、温度、湿度、雨量、风速等数据信息，且用户能够将数据导出（图2-11）。

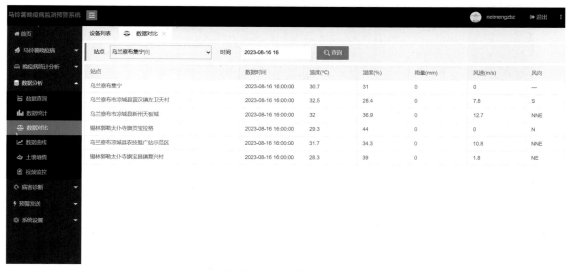

图2-11　监测站点"数据对比"显示界面

（4）数据曲线

用于查询各监测站点某一天的平均温度、平均湿度、最高温度、最低温度的日曲线和月曲线（图2-12）。

图2-12　监测站点"数据曲线"显示界面

（5）土壤墒情

用于查询各监测站点土壤墒情的日数据和月数据；选择站点、查询方式、日期，然后点击"查询"按钮，如图2-13所示。

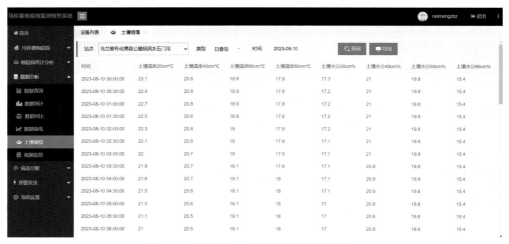

图2-13 监测站点"土壤墒情"显示界面

3.马铃薯晚疫病

防治马铃薯晚疫病是实现CARAH的马铃薯晚疫病预测模型的重要功能。按照模型规则，首先设置当季马铃薯的出苗期，再通过该模型分析，给出马铃薯晚疫病最佳的防控时间节点，指导农民和农业管理部门采取相应的防治措施。

（1）监测期设置

每个监测站点的监测期不同，需要设置各监测站点的出苗期、收获期，同时也可以填写主要品种，如图2-14所示。设置监测期是应用系统分析和进行防治决策非常重要的环节，不设置或设置错误的监测期都会影响预警和决策的准确性。

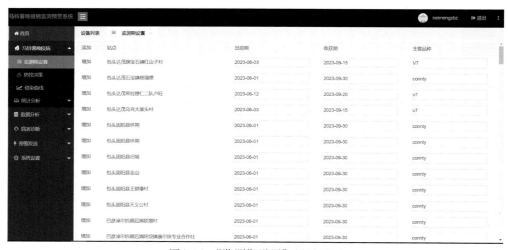

图2-14 "监测期设置"显示界面

点击任意一个监测站点前的"增加"按钮，弹出如图2-15所示的界面，对监测站点相关数据进行修改、增加、删除等操作。

图2-15 "监测期操作"显示界面

通过"编辑"按钮，可修改监测站点的出苗期、收获期；要想增加新的出苗期、收获期，在填写好日期后，点击"增加"即可。

（2）防控决策

根据用户在不同监测站点设置的监测期，系统会实时分析马铃薯晚疫病发生情况。可通过监测站点和监测期时间查询该监测站点的马铃薯晚疫病防控决策数据（图2-16）。

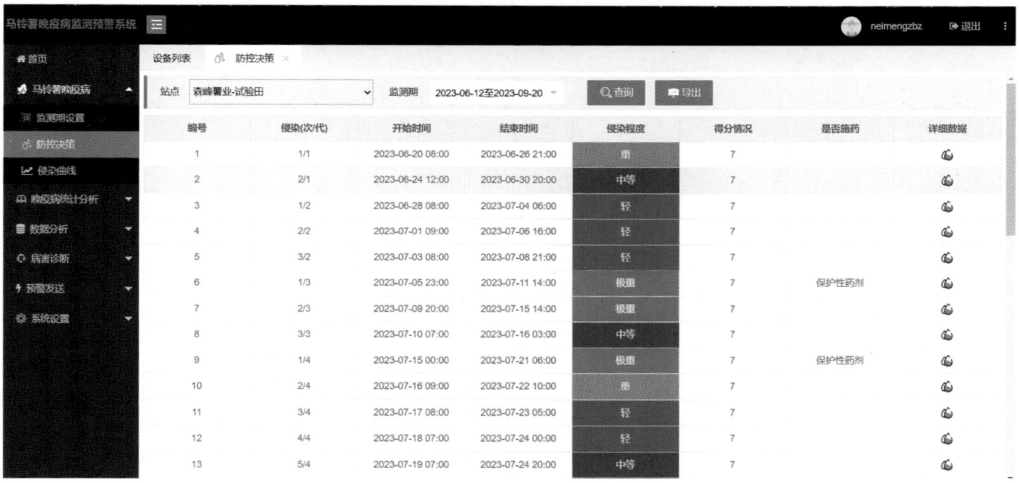

图2-16 "防控决策"界面

（3）侵染曲线

根据监测站点的气象数据，结合CARAH的马铃薯晚疫病预测模型，自动计算出侵染得分情况并绘制侵染曲线。侵染曲线（图2-17）体现马铃薯一个生育期内的所有侵染过程，不同颜色体现不同侵染程度,以及侵染过程中每一天的得分情况。

图2-17 "侵染曲线"界面

4.马铃薯晚疫病统计分析

马铃薯晚疫病的统计分析可对某一地区马铃薯晚疫病的整体侵染情况进行直观对比和分析,包括:侵染分布图、历史侵染状态、海拔影响分析、侵染统计分析和省份侵染统计5个主要功能。

(1)侵染分布图

侵染分布图可利用地理信息系统直观地展示病害空间分布情况,地理位置离散的监测站点有助于决策者和研究人员更好地了解病情,进而采取针对性的防治措施(图2-18)。

图2-18 侵染分布图

（2）历史侵染状态

历史侵染状态指一个区域在过去某个时间点所有监测站点马铃薯晚疫病侵染状态的集合，通过地理信息系统被直观地展示出来，如图2-19所示。

图2-19 "历史侵染状态"界面

（3）海拔影响分析

用户可在"海拔影响分析"界面查询一个区域内不同海拔的监测站点发生侵染情况，如图2-20所示。

海拔	站点	监测期	代数	详细
1237	乌兰察布凉城县鸿茅镇海城村	2023-06-05至2023-10-01	9	
1240	乌兰察布凉城县农技推广站示范区	2023-06-05至2023-10-01	9	
1252.14	乌兰察布市凉城县蛮汉镇左卫天村	2023-06-02至2023-10-01	11	
1276.55	乌兰察布市区域测报站	2023-06-05至2023-10-01	7	
1280	乌兰察布兴和县城关镇二台北营村	2023-05-28至2023-09-25	7	
1261.41	乌兰察布前旗徐家村（瑞田农业）	2023-05-25至2023-09-30	10	
1299.57	乌兰察布凉城县鸿茅镇鞍子山村	2023-06-01至2023-09-30	7	
1309	乌兰察布市农林科学研究所	2023-05-25至2023-10-01	6	
1312.55	乌兰察布前旗巴音塔拉镇（瑞田农业）	2023-05-25至2023-09-30	11	
1331.59	乌兰察布市凉城县新州天板城	2023-06-01至2023-10-01	10	
1349	乌兰察布商都县小海子镇	2023-05-20至2023-09-15	7	
1357	乌兰察布商都县七台镇	2023-05-22至2023-08-30	3	

图2-20 "海拔影响分析"界面

（4）侵染统计分析

用户可在"侵染统计分析"界面查询所选某个区域内所有监测站点在某个年份发生的侵染状态，如图2-21所示。

图 2-21 "侵染统计分析"界面

（5）省份侵染统计

省份侵染统计针对对象是选择的某个区域，用户可在"省份侵染统计"界面查询该区域内所有监测站点在某个时刻的多年侵染数据，包括达到 3 代 1 次及以上防控预警监测站点的数量，如图 2-22 所示。

图 2-22 "省份侵染统计"界面

5.预警短信发送

预警短信内容主要是向有关马铃薯专家、技术人员、种植户发送的预警信息和防治措施。通过预警短信发送机制，可以提高农户对马铃薯晚疫病的防控意识，进而及时采取有效的防治措施，减少病害带来的损失。

（1）发送短信

首先需要选择收件人，确定接收预警短信的用户群体，包括马铃薯种植户、农业技术专家等。接着需要编写预警短信内容，确保短信内容简洁明了，便于农户快速理解并采取行动。最后获取并输入验证码，点击发送（图2-23）。

（2）联系人管理

马铃薯晚疫病监测预警系统的联系人管理是一个关键环节，它确保了预警短信有效、及时地传递。联系人可以包括农户、农业技术人员、植保站工作人员、农业推广人员等，联系人信息包括姓名、手机号码、类型、地址等。定期检查和更新联系人信息，确保所有信息准确无误，以便在需要时及时联系到相关人员（图2-24）。

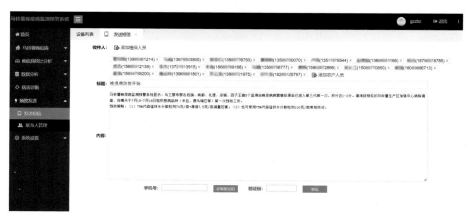

图2-23 "发送短信"界面

图2-24 "联系人管理"界面

6.病害诊断

马铃薯晚疫病是一种由真菌性病原体引起的严重危害马铃薯的病害。以下是关于马铃薯晚疫病的症状、植株分级标准和品种田间叶片抗性鉴定等基本知识，了解这些对于科学有效地防治这一病害至关重要。

（1）症状

详细讲解马铃薯晚疫病病原菌、危害状况、定义等方面的知识，如图2-25所示。

（2）植株分级标准

马铃薯晚疫病的植株分级标准通常是根据病害的症状和植株受损程度来确定的。这里主要展示了一些常见的马铃薯晚疫病植株分级标准，如图2-26所示。

（3）品种田间叶片抗性鉴定

用于了解马铃薯品种田间叶片抗性鉴定方面的知识，如图2-27所示。

图2-25　介绍马铃薯晚疫病的界面

图2-26　介绍马铃薯晚疫病植株分级标准的界面

图2-27　介绍品种田间叶片抗性鉴定的界面

三、移动端马铃薯晚疫病实时监测预警系统（微信小程序、App）功能设计和应用

随着智能手机的普及，开发了基于手机的马铃薯晚疫病实时监测预警系统，以方便基层农业技术人员和种植大户及时获取马铃薯晚疫病田间侵染情况，及时寻求防治技术指导。移动端马铃薯晚疫病实时监测预警系统主要包括：微信小程序版本和App版本，主要具有快速了解监测点马铃薯晚疫病侵染状态、AI植保问答、病害诊断等功能。

1.系统的安装与使用

用户可打开微信，搜索微信小程序"马铃薯防控物联网"，或访问中国马铃薯晚疫病监测预警系统下载移动端安装包，微信小程序版本和App版本功能一致，系统需要微信和手机号码验证登录（图2-28）。

2.系统首页

进入系统后（图2-29），从上到下有5个功能区：节气和天气状况功能区、AI农业问答功能区、监测站点快速查询功能区、病害相关功能查询区、系统菜单区。

图2-28　"马铃薯防控物联网"微信小程序二维码

图2-29　微信小程序版本系统功能图

3.节气和天气状况功能区

这部分主要快速显示当前位置（位置信息可以点击更换）未来3天的天气预报信息，以及显示二十四节气和距离下一个节气的时间。

4.AI农业问答功能区

这部分主要包括基于AI大数据的问题解答功能和使用指南功能。AI大数据在农业领域的应用日益广泛，它通过分析和处理大量的农业数据，为农业生产、管理和决策提供智能化支持（图2-30），尤其在农业科普方面，可快速、准确地回答农业问题。使用指南可以让用户提供快速了解小程序的使用方法（图2-31），第一次登录使用该小程序的用户可通过快速浏览此功能来快速找到病害监测点。

5.监测站点快速查询功能区

这部分主要能够快速显示关注的监测站点（在监测站点详细界面可以点击关注，关注后自动在首页显示）。关注监测站点，可快速进入监测站点详细界面。同时在此功能区，还提供"全部"和"地图"按钮查询服务。

"全部"主要是快速显示内蒙古自治区全部监测站点列表，可通过市、县选择，从而缩小范围，快速找到所需监测站点（图2-32）。

"地图"显示监测站点在GIS地图上的位置标注信息，并直观显示当前位置100km内的监测站点（图2-33）。

点击监测站点即可进入监测站点数据详情页面，监测站点的设备图片、监测站点的实时和预报数据、监测站点位置的病害发生情况，以及防控方案等信息，同时提供对监测点的数据查询、侵染曲线、历史同期对比等功能，如图2-34所示。

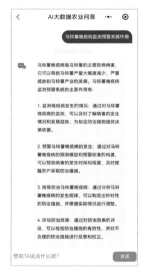

图2-30 AI大数据农业问答功能

图2-31 使用指南功能

图2-32 监测站点列表

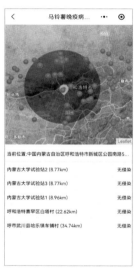

图2-33 监测站点地图显示

用户可通过数据查询功能监测站点实时采集的环境数据（大气温度、大气湿度、雨量、露点等作物生长环境方面的数据），用户可选择开始和结束时间进行查询。

侵染曲线是基于CARAH模型实时分析计算结果的展示。可生动模拟病害孢子在雨水的覆盖下，经过一段时间动态侵入叶片的过程。

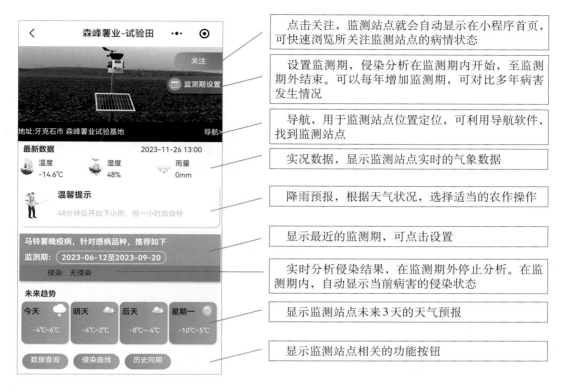

点击关注，监测站点就会自动显示在小程序首页，可快速浏览所关注监测站点的病情状态

设置监测期，侵染分析在监测期内开始，至监测期外结束。可以每年增加监测期，可对比多年病害发生情况

导航，用于监测站点位置定位，可利用导航软件，找到监测站点

实况数据，显示监测站点实时的气象数据

降雨预报，根据天气状况，选择适当的农作操作

显示最近的监测期，可点击设置

实时分析侵染结果，在监测期外停止分析。在监测期内，自动显示当前病害的侵染状态

显示监测站点未来3天的天气预报

显示监测站点相关的功能按钮

图 2-34　监测站点数据详情

用户可查询并对比某个监测站点在不同年份的马铃薯晚疫病发生情况（病害发生的时间和侵染频率等），从而用户可以更好地选择防控策略（图 2-35、图 2-36）。

	历史同期	
森峰薯业-试验田		06-12至09-20
2023	**防控指南** 感病品种3代1次防控	
	2023-06-20	注意田间调查
2022	2023-06-28	注意田间调查
	2023-07-05	第1次防控
	2023-07-15	第2次防控
	2023-07-22	第3次防控
	2023-07-29	第4次防控
	2023-08-05	第5次防控
	2023-08-12	第6次防控
	2023-08-22	第7次防控
	2023-08-31	第8次防控

图 2-35　监测站点 2023 年侵染发生情况

	历史同期	
森峰薯业-试验田		06-12至09-20
2023	**防控指南** 感病品种3代1次防控	
	2022-06-24	注意田间调查
2022	2022-07-01	注意田间调查
	2022-07-09	第1次防控
	2022-07-16	第2次防控
	2022-07-22	第3次防控
	2022-07-28	第4次防控
	2022-08-03	第5次防控
	2022-08-13	第6次防控
	2022-08-25	第7次防控

图 2-36　监测站点 2022 年侵染发生情况

6.病害相关功能查询区

这部分主要包括病害分析辅助功能，而病害分析辅助功能则主要包括田地病害、试验示范、预警信息、设备维护、解决方案、土壤酸碱度、病害识别、文章书籍、热点技术和云图等。

田地病害则聚焦自己田块内没有监测站点的农户，通过农户设置自己田块的位置，系统可快速推荐附近监测站点的病害分析信息。第一次使用此功能的农户需要先创建田地，根据图 2-37 按步骤选择地点（通过地图选择）、填写马铃薯出苗期即可。创建田地完毕即进入田地界面，如图 2-38 所示。界面左上角显示出苗期，农户也可以在这里进行修改。中间显示田地当前坐标位置未来 3d 的天气预报数据，用于农事作业参考。接着是根据田间位置推送最近监测站点位置信息和病害分析及防控方案、病虫害查询和信息推送。

图 2-37　用户创建田地

图 2-38　田地详细信息

试验示范则展示马铃薯晚疫病监测预警系统在内蒙古呼伦贝尔、湖北恩施、云南昭通等地试验示范的情况。

预警信息展示省、市级植保站发送的预警情报。

设备维护用于监测设备的问题上报和联系相关人员。

解决方案展示不同区域不同的防控方案。

土壤酸碱度主要用于计算不同酸碱度的土壤如何配比不同重量的石灰，土壤酸碱度配方如图 2-39 所示，在图的左上角是土壤 pH 测量教程的视频，该视频由比利时 CARAH 团队制作。右上角是 pH 颜色对照表，用于测量过程中对比判断 pH，如图 2-40 所示。

病害识别则通过图像处理技术，快速识别图片中显示的病害是否为马铃薯晚疫病，功能界面如图 2-41 所示。点击界面底部工具条上的摄像头按钮，会弹出图片选择来源，可以选择手机端图片，也可以现场拍照。识别结果如图 2-42 所示，会标注对每个病斑的识别情况，同时提供历史查询和马铃薯晚疫病防控知识。

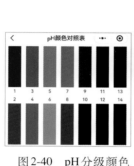

图2-39　土壤酸碱度配方　　图2-40　pH分级颜色对照图　　图2-41　马铃薯晚疫病AI图像处理　　图2-42　马铃薯晚疫病识别结果

文章书籍则展示跟马铃薯晚疫病监测预警系统相关的、已经发表的书籍和文章。

热点技术主要展示马铃薯种植的相关技术。

云图展示中国气象局发布的云图变化情况，用于判断当前位置距离降雨区域的远近。

7.系统菜单区

主要展示了系统的5个主要方面：首页、数据监控、晚疫病分析、农事记录和"我"，接下来会详述各个菜单的主要功能。

数据监控展示用户拥有权限的监测站点信息，这些信息包括：病害监测站点、土壤墒情、远程摄像头，如图2-43所示，可选择对应监测站点查看视频、查询数据（图2-44）。

图2-43　监测站点列表　　图2-44　监测站点数据

晚疫病分析主要供省、市、县植保专家使用，他们可以快速查看每个监测站点的侵染曲线，动态分析晚疫病的发生过程，界面如图2-45所示，其中包括监测期设置和晚疫病分析等。点击"晚疫病分析"，植保专家可选择监测站点和监测站点对应的监测期（马铃薯出苗期和收获期）（图2-46），查询晚疫病侵染曲线（图2-47）。

农事记录主要用于记录监测站点附近的农事作业，可以对照病情发生情况，并可查询多年累计数据。

图2-45 "晚疫病分析"界面

图2-46 监测站点和监测期选择

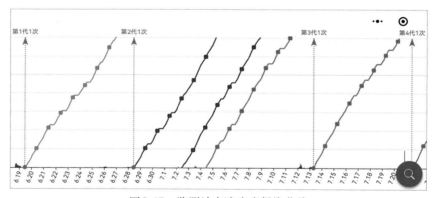

图2-47 监测站点晚疫病侵染曲线

"我"主要提供个人信息编辑修改（图2-48）及监测站点权限的绑定（主要用户为植保专家）（图2-49）。同时提供马铃薯病虫害、轨迹测量、轨迹查询等功能。

关注管理则主要管理关注的监测站点，用户关注的监测站点在首页显示，方便用户快速查询相关信息。

轨迹测量、轨迹查询则主要利用手机GPS定位功能，可用于田块绘制、记录车载轨迹，进而计算作业的亩数。

马铃薯病虫害功能则提供马铃薯病虫害库（图2-50），用户可查询不同病虫害的发病原因和发病状态，快速比对症状并确定田间病虫害的种类（图2-51）。

马铃薯号、我的团队、我的消息则主要用于团队协作，登录系统的用户可以组建一个团队，相互之间可以发送预警信息，为统防统治提供共享渠道。

| 图2-48 "我"功能界面 | 图2-49 监测站点权限绑定 | 图2-50 马铃薯病虫害库 | 图2-51 马铃薯晚疫病简介和田间症状 |

第二节　马铃薯晚疫病智慧测报技术研发与应用

　　CARAH的马铃薯晚疫病预测模型（简称CARAH模型）基于气候因子（主要是湿度和温度）对致病疫霉侵染的影响，按照一定的模型规则判断致病疫霉能否侵染，以及侵染的严重程度。该模型经内蒙古阴山沿麓和兴安沿麓马铃薯主产区10个盟（市）49个旗（县）的103个监测站点推广应用，证明其比较符合内蒙古马铃薯晚疫病流行规律。基于CARAH模型建立的马铃薯晚疫病实时监测预警系统，通过在马铃薯主产区布置田间监测设备，实现了对马铃薯晚疫病的实时监测，在马铃薯晚疫病监测预警和指导防控中发挥着重要作用。

　　由于内蒙古马铃薯主产区东、中、西部跨度大、气候复杂、品种多样，各产区栽培管理方式差异很大，CARAH模型在各主产区的应用需要结合当地实际，进行参数调整和试验校验。近年来，各地针对该模型在当地的应用情况进行了一些探索和试验，摸索出了不同地区、不同抗性品种、不同栽培管理方式适用的参数设定，实现了模型的本地化。本节系统总结了CARAH模型引进内蒙古后，在各主产区的应用情况，分析了该模型在马铃薯晚疫病中心病株出现时间预测、发生程度评估上的应用效果，以及品种抗性、种植区域、病菌种群结构等因素对模型的影响。

一、中心病株出现时间预测及评价

　　中心病株出现时间预测是开展马铃薯晚疫病发生趋势预报和指导防治的关键。根据CARAH模型原理，对于感病品种，田间中心病株出现时间一般在致病疫霉发生3代1次侵染时，得分在3 ~ 7分。由于内蒙古马铃薯产区分布广，东、中、西部气候差异大，病原菌生理小种复杂、田间初侵染菌源、地域性气候差异、品种抗性不同等因素的影响，不同地区、不同品种及同一品种不同地区的中心病株出现时间存在一定差异。对于已经种植的农户，经过预测系统的信息查询，能够对所栽培的马铃薯的抗感性有一定了解，可以根据系统的预测作出预防措施，减少损失。但是利用CARAH模型预测中心病株出现时间，不能简单地照搬模型本身，还需要结合当地实际情况，经过多年的试验校验，才能更好地预测当地马铃薯晚疫病中心病株出现时间及侵染代次。

通过梳理、分析2012年以来内蒙古各马铃薯主产区应用CARAH模型预测马铃薯晚疫病的实践案例结果，不论是兴安岭沿麓马铃薯晚疫病常发区，还是中西部偶发区，该模型对田间马铃薯晚疫病中心病株出现时间的预测均比较准确（表2-1）。对于感病品种，如费乌瑞它和荷兰系列等，根据CARAH模型在致病疫霉发生3代1次侵染后，开始田间调查，一般在3代1次，侵染得分在1~7区间的田块可发现中心病株，误差一般不超过3d。

从内蒙古调查的数值来看，感病品种应用CARAH模型准确率更高。对于种植最多的克新1号，部分表现感病，在3代1~2次到4代1~2次侵染时见中心病株；部分表现高抗，在5代2次，得分为7分后8d，或7代1次，得分为7分后2d时见中心病株。而对于抗性品种，如兴佳2号，一般在致病疫霉发生9代3次侵染时，田间可发现中心病株。准确性受品种抗性、气候特征、病菌群体等因素的影响。有研究发现，感病品种费乌瑞它在克什克腾旗2015年中心病株出现时间发生在6代3次，得分为7分后12d；荷兰15在中部赤峰市喀喇沁旗2017—2018年都是5代4~5次时见中心病株，与上述规则表现出不一致的现象。由于马铃薯调种频繁，同一品种在不同区域种植，抗性表现差异很大，监测当地品种的准确性需进一步验证。

中心病株预测对马铃薯晚疫病的防控至关重要，国内外大多数的预警模型也集中在对中心病株的预测上。从CARAH模型的原理看，模型本身的运行是相对独立的，即使在马铃薯非生长季节，根据田间的湿度、温度条件，模型仍可生成侵染曲线。所以，田间监测仪器的开启时间对中心病株出现时间的预测，以及防控指导有着关键性的影响，早开和迟开都将直接影响对中心病株出现时间的预测以及防治策略的制定。国内学者研究和实践认为，在监测区出现第1颗马铃薯出苗时，就存在被侵染的可能，此时应立即开启田间小气候监测仪。虽综合初始菌原、侵染概率、出苗率等因素，经试验确定开启时间更合理，但主观性较大，因此生产上仍在监测区出现第1颗苗时开启监测设备。

二、病害发生程度预测与评估

根据CARAH模型原理，气候条件适宜时，致病疫霉侵染代次会增多，且一定温度范围内，温度越高侵染的风险程度就越重，致病疫霉的侵染情况与田间马铃薯晚疫病发生流行情况存在一定的相关性。经内蒙古2012—2014年和2018年试验和生产调研中（表2-2、表2-3），得出以下结论：

不管感病还是中度抗病品种，在重侵染比率超过50%时，都为重发生；重度侵染比率为35%~50%，但侵染代数超过9代，侵染次数超过20次，都为重发生。荷兰15在侵染比率33.3%时，7代27次为重发生，6代24次为偏重发生；东部区中度抗病品种兴佳2号、蒙薯19、蒙薯21等，侵染次数为9代20次，重度侵染比率30%~40%时都为轻发生；西部地区中度抗病品种冀张薯12和后旗红重度侵染比率为30%~40%时都为轻发生。

表2-1　马铃薯晚疫病中心病株出现时间CARAH模型预测与田间调查比较

年份	试验时间地点			品种及其抗性		田块类型	田间中心病株出现时间	CARAH模型对应代次、分值	数据来源
	盟（市）	旗（县）	监测站点	品种	抗性				
2012	呼伦贝尔市	阿荣旗	阿荣旗良种场	克新1号	MS		7月22日		阿荣旗现代农业科技园
	乌兰察布市	察哈尔右翼后旗		夏波蒂			8月6日		
	呼和浩特市	武川县	哈乐	夏波蒂			7月22日		
2013	呼伦贝尔市	阿荣旗	阿荣旗良种场	克新1号	MS		7月20日	4代2次2分	阿荣旗现代农业科技园
	赤峰市	克什克腾旗	芝瑞	荷兰15			8月7日	3代1次7分后8d	克什克腾旗
	锡林郭勒盟	太卜寺旗	骆驼山镇六面井村	费乌瑞它			7月29日		太仆寺旗监测点
	乌兰察布市	察哈尔右翼后旗	大六号镇二亩半村	荷兰15			7月18日	3代1次4.5分	察哈尔右翼后旗当郎忽洞苏木董家村
			察哈尔右翼后旗贾红大六号	克新1号			7月16日	7代1次7分后2d	
2013	乌兰察布市	兴和县	张皋	克新1号			7月16日	5代1次3分	兴和县小井村
			城关	荷兰15			7月11日	4代1次3分	
			大库联	荷兰15、夏波蒂			7月13日	4代1次6分	
		卓资县	大榆树乡狮子沟	克新1号			7月19日	3代1次6分	卓资县大榆树
			六苏木	克新1号			8月14日	5代2次7分后8d	
			大榆树乡狮子沟村	克新1号			8月14日	5代2次7分后8d	
		察哈尔右翼中旗	巴音乡中卜浪村	克新1号			8月15日	4代1次3.5分	察哈尔右翼中旗土城子
		商都县	小海子	荷兰15			7月22日	3代1次侵染后1d7分	商都县
	呼和浩特	武川县	可镇三圣太	夏波蒂			7月20日		
		清水河县	盆底青	克新1号			7月8日	3代1次5分	清水河县

（续）

年份	试验时间地点			品种及其抗性		田块类型	田间中心病株出现时间	CARAH模型对应代次、分值	数据来源
	盟（市）	旗（县）	监测站点	品种	抗性				
2014	呼伦贝尔市	海拉尔区东山	森峰薯业	费乌瑞它	S		6月28日	3代1次7分	海拉尔森峰薯业
	兴安盟	阿尔山市	明水河镇	兴佳2号			8月20日	9代3次0分	阿尔山市明水河镇
	赤峰市	克什克腾旗	宇宙地	荷兰15			8月14日	4代1次	克什克腾旗
	锡林郭勒盟	太卜寺旗	骆驼山镇六面井村	费乌瑞它			8月3日	3代2次3分	太仆寺旗监测点
	呼和浩特市	清水河县	城关镇东庄子	克新1号			8月5日	3代1次	城关镇
2015	呼伦贝尔市	海拉尔区东山	森锋薯业	费乌瑞它	S		7月20日	3代1次5分	海拉尔森峰薯业
				早大白	MS		7月27日	4代1次4分	海拉尔森峰薯业
		牙克石市南博河		中薯5号	MS		7月29日	4代1次4分	牙克石暖泉（2015无数据）换成森峰薯业暖泉
				尤金885	S		7月24日	3代1次6分	牙克石暖泉（2015无数据）换成森峰薯业暖泉
	兴安盟	阿尔山市	明水河镇	荷兰7号	—		8月15日	5代4次	阿尔山市明水河监测站无2015年的数据，阿尔山市西口村有该年数据
	赤峰市	克什克腾旗	芝瑞	荷兰15			8月14日	6代3次7分后12d	克什克腾旗
		翁牛特旗	杨家营子	夏波蒂			7月14日	2代1次7分后11d	翁牛特旗乌丹镇
		喀喇沁旗	小牛群	荷兰15	不抗		7月20日	4代2次15分	赤峰市喀喇沁旗小牛群监测点
	锡林郭勒盟	太卜寺旗	骆驼山镇六面井村	费乌瑞它	感病		7月25日	4代4次4分	太仆寺旗监测点

（续）

年份	试验时间地点			品种及其抗性		田块类型	田间中心病株出现时间	CARAH模型对应代次、分值	数据来源
	盟（市）	旗（县）	监测站点	品种	抗性				
2015	乌兰察布市	察哈尔右翼后旗	贲红镇狼窝沟	荷兰15			8月3日	3代1次3分	察哈尔右翼后旗丰裕村（2015年7月1号才有数据）改成后旗当郎忽洞苏木董家村
	呼和浩特市	清水河县	城关镇东庄子	克新1号			8月14日	3代1次0分	清水河监测点
2016	呼伦贝尔市	海拉尔区	海拉尔区东山	早大白	MS		—	—	海拉尔森峰薯业
				费乌瑞它	S		—	—	海拉尔森峰薯业
	呼伦贝尔市	牙克石市	牙克石市南博河	中薯5号	MS		—	—	牙克石暖泉
				尤金885	S		—	—	牙克石暖泉
			免渡河镇	兴佳2号	MS		—	—	免渡河森峰薯业
2016	乌兰察布市	察哈尔右翼后旗	白镇建设村	荷兰15			7月20日	3代1次1分	白音察干镇果园
			贲红镇狼窝沟	荷兰15			7月22日	3代3次0分	察哈尔右翼后旗丰裕村
			乌兰哈达苏木后村	冀张薯12号			7月27日	3代4次25分	白音察干镇果园
	赤峰市	喀喇沁旗	小牛群	荷兰15	不抗		7月25日	3代3次0分	赤峰市喀喇沁旗小牛群监测点
	锡林郭勒盟	太卜寺旗	骆驼山镇六面井村	费乌瑞它	感病		7月24日	3代1次2分	太仆寺旗监测点
	呼和浩特市	清水河县	城关镇东庄子	克新1号			7月25日	3代2次0分	清水河监测点
2017	呼伦贝尔市	海拉尔区	海拉尔区东山	费乌瑞它	S				海拉尔森峰薯业
				早大白	MS		—	—	海拉尔森峰薯业
		牙克石市	牙克石市南博河	中薯5号	MS		—	—	牙克石暖泉
				尤金885	S		—	—	牙克石暖泉
			免渡河镇	兴佳2号	MS		—	—	免渡河森峰薯业

（续）

年份	试验时间地点			品种及其抗性		田块类型	田间中心病株出现时间	CARAH模型对应代次、分值	数据来源
	盟（市）	旗（县）	监测站点	品种	抗性				
2017	赤峰市	翁牛特旗	杨家营子	大西洋			7月22日		翁牛特旗乌丹镇
		喀喇沁旗	小牛群	荷兰15	不抗		7月22日	5代5次0分	赤峰市喀喇沁旗小牛群监测点
	呼和浩特市	清水河县	城关镇东庄子	克新1号			8月20日	5代1次2分	清水河监测点
2018	呼伦贝尔市	海拉尔区	海拉尔区东山	费乌瑞它	S		7月26日	3代1次3分	海拉尔森峰薯业
				早大白	MS		7月29日	3代1次7分	海拉尔森峰薯业
		牙克石	特泥河农场	中薯5号	MS		7月14日	4代2次2.5分	森峰特泥河农场
				尤金885	S		7月14日	4代2次2.5分	森峰特泥河农场
			免渡河镇	兴佳2号	MS		7月26日	5代1次0分	免渡河森峰薯业
		阿荣旗	阿荣旗现代农业科技示范园区	大西洋	感病		7月10日	2分	阿荣旗现代农业科技园
	乌兰察布市	兴和县	店子	大西洋	S		8月3日		大同夭
		察哈尔右翼后旗	红格尔图镇高家村	荷兰15			7月23日	4代6次0分	白音察干镇果园
				后旗红			7月29日	5代4次0分	
				冀张薯12			8月3日	5代5次4分	
	赤峰市	喀喇沁旗	小牛群	荷兰15	不抗		7月28日	5代4次0分	喀喇沁旗小牛群镇
	锡林郭勒盟	太卜寺旗	骆驼山镇六面井村	费乌瑞它	感病		7月25日	4代3次0分	太仆寺旗监测点
	呼和浩特市	清水河县	城关镇东庄子	克新1号			7月20日	3代2次2分	清水河监测点

表2-2　致病疫霉侵染程度与病情指数的关系

年份	盟(市)	旗(县)	监测点	品种	代	次	轻	中	重	极重	重侵染比率/%	中度以下侵染比率/%	病情指数	发生程度	数据来源
2012	呼伦贝尔市	阿荣旗	阿荣旗现代农业科技园	克新1号	4	9		6	2	1	33.33	66.67	55	3	阿荣旗现代农业科技园
2013	呼伦贝尔市	阿荣旗	阿荣旗现代农业科技园	克新1号	4	8	4			4	50.00	50.00	80	4	阿荣旗现代农业科技园
	乌兰察布市	商都县		荷兰15	7	12	6	3	2	1	25.00	75.00	27.4	4	
		商都县	东坊子	费乌瑞它	5	9		5	4		44.44	55.56	1.224		商都县
		察哈尔右翼后旗	察哈尔右翼后旗贾红大六号	克新1号	6	12	3	4	3	2	41.67	58.33	19.62		察哈尔右翼后旗当郎忽洞苏木董家村
		兴和县	张皋	克新1号	9	14	5	4	1	4	35.71	64.29	0.45		兴和县小井村
		兴和县	城关	荷兰15	9	14	5	4	1	4	35.71	64.29	10.08		兴和县小井村
		兴和县	大库联	荷兰15、夏波蒂	9	14	5	4	1	4	35.71	64.29	2.25		兴和县小井村
		卓资县	大榆树乡狮子沟	克新1号	3	5	1	1	0	3	60.00	40.00	0.9		卓资县大榆树
		卓资县	六苏木	克新1号	5				3	3	66.67	33.33	19.8		卓资县大榆树
		卓资县	大榆树乡狮子沟村	克新1号	5				2	3	66.67	33.33	1.26		卓资县大榆树
		察哈尔右翼中旗	巴音乡中卜浪村	克新1号	4			3	1	0	25.00	75.00	1.602		察哈尔右翼中旗土城子
	赤峰市	克什克腾旗	芝瑞	荷兰15	3	3	1	2	0	0	0	100		3	克什克腾旗
	呼和浩特市	清水河县		克新1号	3	1		1				80	2	2	清水河县
2014	呼伦贝尔市	阿荣旗		克新1号	1	1	0	0	1	0	100	0	100	5	阿荣旗现代农业科技园
	赤峰市	克什克腾旗		荷兰15	4	7	2	1	2	2	57.14	42.86		2	克什克腾旗

（续）

年份	盟（市）	旗（县）	监测点	品种	侵染代次		不同侵染程度次数				重侵染比率/%	中度以下侵染率/%	病情指数	发生程度	数据来源
					代	次	轻	中	重	极重					
2014	锡林郭勒盟	太仆寺旗		费乌瑞它	6	7	2	3	1	1			12.6		太仆寺旗监测点
	呼和浩特市	清水河县		克新1号	4	9	3	5	1					2	清水河监测点
2015	呼伦贝尔市	海拉尔区东山	森锋薯业	费乌瑞它	1	2	1	0	0	1	50	50		1	阿荣旗现代农业科技园
				早大白	1	2	1	0	0	1	50	50		1	
		牙克石市南博河		中薯5号	1	1	1				0	100		1	
				尤金885	1	1	1				0	100		1	
	乌兰察布市			荷兰15	6	10	4	4	2				25.6	2	
				荷兰15	6	11	2	6	1	2					察哈尔右翼后旗丰裕村
	赤峰市	翁牛特旗	杨家营子	夏波蒂	2	3	1	0	0	1	66.67	33.33			察哈尔右翼后旗白音察干镇果园
		喀喇沁旗	小牛群镇	荷兰15	4	1	5	3	2	0	20	80		2	翁牛特旗乌丹镇
	锡林郭勒盟	太仆寺旗		费乌瑞它	8	15	8	5	1	1			26	2	喀旗小牛群
	兴安盟	阿尔山市	明水河镇	荷兰7号	5	1		2				37.5		2	
	呼和浩特市	清水河县			4	6	3	2	1			80	1	2	太仆寺旗监测点
2016	乌兰察布市	察哈尔右翼后旗		荷兰15	7	12	6	4		2			10.2	1	阿尔山市明水河镇
				冀张薯12	6	13	4	6	1	2			2.8	1	清水河监测点
	赤峰市	喀喇沁旗		荷兰15	3	3	0	1	0	3	75	25		3	喀喇沁旗小牛群镇
	锡林郭勒盟	太仆寺旗		费乌瑞它	8	22	10	7		5			32	3	太仆寺旗监测点

（续）

年份	盟(市)	旗(县)	监测点	品种	侵染代次		不同侵染程度次数				重侵染率/%	中度以下侵染率/%	病情指数	发生程度	数据来源
					代	次	轻	中	重	极重					
	锡林郭勒盟	太仆寺旗		费乌瑞它、夏波蒂	4	11	7	2	1	1			15	2	太仆寺旗贡宝拉格监测点
	呼和浩特市	清水河县			6	13	3	6	3	1	40	60	3	2	清水河监测点
2016	锡林郭勒盟	太仆寺旗			7	13	6	5	1	1					太仆寺旗监测点
					3	6	2	2		2					太仆寺旗贡宝拉格监测点
	呼和浩特市	清水河县			7	10	4	2	1	3	20	80	2	2	清水河监测点
	赤峰市	喀喇沁旗		荷兰15	5	15	5	5	3	2	66.67	33.33		3	喀喇沁旗小牛群镇
2017	呼伦贝尔市	阿荣旗	阿荣旗现代农业科技示范园区	大西洋	4	8	3	1	1	3	50	50	100	5	阿荣旗现代农业科技示范园区
		海拉尔区	海拉尔区东山	费乌瑞它	2	4	3	0	1	0	75	25			海拉尔森峰薯业
				早大白	2	4	3	0	1	0	75	25			海拉尔森峰薯业
		牙克石市	特泥河农场	中薯5号	4	5	5	0	0	0	100	0			森峰特泥河农场
				尤金885	4	5	5	0	0	0	100	0			森峰特泥河农场
			免渡河镇	兴佳2号	4	12	8	1	2	1	75	25			免渡河森峰薯业
		阿荣旗	阿荣旗现代农业科技示范园区				8	8	4	7	40.74	59.36	100	5	

（续）

年份	盟(市)	旗(县)	监测点	品种	侵染代次		不同侵染程度次数				重侵染比率/%	中度以下侵染比率/%	病情指数	发生程度	数据来源
					代	次	轻	中	重	极重					
2018	乌兰察布市	察哈尔右翼后旗	白音察干镇果园	荷兰15	9	30	13	8	4	5	30	70	34.6	2	白音察干镇果园
				后旗红	9	30	13	8	4	5	30	70	13	1	
				冀张薯12	9	30	13	8	4	5	30	70	6.1	1	
	乌兰察布市	察哈尔右翼后旗	丰裕村		8	23	9	7	3	4					丰裕村
			当郎忽洞苏木董家村		7	18	9	3	5	1					当郎忽洞苏木董家村
			乌兰哈达苏木七顷地村		2	2	2								乌兰哈达苏木七顷地村
	乌兰察布市	兴和县	大同夭	大西洋	9	28	9	11	4	4		10	2	3	大同夭
			大库联		11	30	10	13	4	3					大库联
	赤峰市	喀喇沁旗		荷兰15	5	9	3	3	0	3	66.67	33.33		2	喀喇沁旗小牛群镇
	锡林郭勒盟	太仆寺旗		费乌瑞它	8	18	6	6	3	3			63	4	太仆寺旗监测点
	呼和浩特市	清水河县			8	22	4	12	3	3	10	90	1	2	清水河县监测点
					1	1	1								清水河五良太乡

注：发生程度1、2、3、4、5级分别为轻发生、中等发生、偏重发生和大发生。

表2-3 致病疫霉侵染情况与田间马铃薯晚疫病发生程度的可能关系

侵染代次	重度及以上侵染比率/%	中度及以下侵染比率/%	田间发生程度
10代以上	>50	—	偏重至大发生（4～5级）
5～9代		50～<80	中等发生（3级）
5代以下	—	≥80	偏轻以下发生（1～2级）

三、CARAH模型指导防治效果分析

　　CARAH模型要求在3代及其以后每代第1次侵染时要进行保护剂防治，错过时间需及时喷施治疗性杀菌剂进行防治。从各地试验的结果看，依据CARAH模型指导的马铃薯晚疫病防治，都取得了比较好的防治效果。相对于农民自防或习惯防治，CARAH模型指导下的防治，防效在33.3%～100%；相对于未采取任何措施的对照组，防效一般在39.3%～100%，防治效果较差的在39.3%～66.7%。增产幅度一般在10.0%～23.0%，发生重的年份和地区可增产31.6%～48.87%（表2-4），CARAH模型在防止马铃薯晚疫病蔓延、为害，挽回产量损失方面发挥了较大作用。

表2-4　CARAH模型指导下的马铃薯晚疫病防治效果

| 年份 | 盟（市） | 旗（县） | 监测站点 | 品种 | 田间最终病情指数 | | | 相对防效/% | | 增产率/% | 数据来源（提供数据最近的监测站点名称） |
					CARAH	自防	对照	自防	对照		
2012	呼伦贝尔市	阿荣旗	阿荣旗良种场	克新1号	10	60	80	25	79	15.6	阿荣旗监测点
2013	呼伦贝尔市	阿荣旗	阿荣旗良种场	克新1号	4.8	60	80	25	83	17.2	阿荣旗监测点
	乌兰察布市	商都县	小海子	荷兰15	7.6	12..8	27.4	40.6	72.3	17.5	商都小海子
	锡林郭勒盟	太卜寺旗	骆驼山镇六面井村	费乌瑞它	4.8	26.3	89.6	81.7	94.6	—	太仆寺旗监测点
	呼和浩特市	清水河县	盆底青	克新1号	1	1	2	80	90	12	清水河县
2014	呼伦贝尔市	海拉尔区	森峰薯业	费乌瑞它	19.96	—	100	—	80.04	—	森峰薯业
				早大白	0	69	91	100	100	—	
		阿荣旗	阿荣旗良种场	克新1号	1.25	80	95	15.7	88.9	21.8	阿荣旗监测点
	锡林郭勒盟	太卜寺旗	骆驼山镇六面井村	费乌瑞它	0	15.6	57.4	100	100	—	太仆寺旗监测点
	兴安盟	阿尔山市	明水河镇	兴佳2号	4.35	—	37.2	—	78.9	42.3	阿尔山市明水河镇
	呼和浩特市	清水河县	城关镇东庄子	克新1号	1	1	2	85	86.7	10	
2015	呼伦贝尔市	海拉尔区东山	森锋薯业	费乌瑞它	13.44	—	82	—	83.68	—	森峰薯业
				早大白	0	64	88	100	100	—	
		牙克石市南博河		中薯5号	23.48	—	91.78	—	74.4	—	
				尤金885	15.36	—	94	—	75.22	—	

（续）

年份	盟（市）	旗（县）	监测站点	品种	田间最终病情指数			相对防效/%		增产率/%	数据来源（提供数据最近的监测站点名称）
					CARAH	自防	对照	自防	对照		
2015	乌兰察布市	察哈尔右翼后旗	贲红镇狼窝沟	荷兰15	7.5	13.2	25.6	43.2	70.7	16.8	察哈尔右翼后旗丰裕村
	兴安盟	阿尔山市	明水河镇	荷兰7号	3.9		33		77	38.4	阿尔山市明水河镇
	锡林郭勒盟	太卜寺旗	骆驼山镇六面井村	费乌瑞它	3.6	21.2	52.6	83	93.2	—	太仆寺旗监测点
	呼和浩特市	清水河县	城关镇东庄子	克新1号	1	1	2	78	95	10	
2016	呼伦贝尔市	海拉尔区东山	海拉尔区东山	费乌瑞它	0	—	—	—	—		
				早大白	0	—	—	—	—		
		牙克石市南博河	牙克石市南博河	中薯5号	0	—	—	—	—		
				尤金885	0	—	88				
	乌兰察布市	察哈尔右翼后旗	后旗丰裕村	荷兰15	3.4	5.8	10.2	41.4	66.7	14.4	
	锡林郭勒盟	太仆寺旗	骆驼山镇六面井村	费乌瑞它	3.9	25.3	78.7	84.6	95	—	太仆寺旗监测点
			贡宝拉格	夏波蒂	3.2	20.8	65.5	84.6	95.1	—	太仆寺旗贡宝拉格监测点
	呼和浩特市	清水河县	城关镇东庄子	克新1号	1	1	3	86	100	20	
2017	呼伦贝尔市	海拉尔区	海拉尔区东山	费乌瑞它		—	0	—	—	—	森峰薯业
				早大白	0	—	0	—	—		
		牙克石	牙克石市南博河	中薯5号	0	—	0	—	—		
				尤金885	0	—	0	—	—		
	呼和浩特市	清水河县	城关镇东庄子	克新1号	1	1	2	90	100	23	
2018	呼伦贝尔市	海拉尔区	海拉尔区东山	费乌瑞它		—	84	—	86.66	—	森峰薯业
				早大白	0	—	91	—	100	—	

（续）

年份	盟（市）	旗（县）	监测站点	品种	田间最终病情指数			相对防效/%		增产率/%	数据来源（提供数据最近的监测站点名称）
					CARAH	自防	对照	自防	对照		
2018	呼伦贝尔市	海拉尔区	特泥河农场	中薯5号	0	—	92	—	78.94	—	
				尤金885	0	—	87	—	81.32	—	
		阿荣旗	阿荣旗现代农业科技示范园区	大西洋	2.5	75	100	25	—	48.87	阿荣旗现代农业科技示范园区
	乌兰察布市	兴和县	店子	大西洋	2	2	4	60	100	20	大同夭
		察哈尔右翼后旗	红格尔图镇高家村	荷兰15	5.5	16.5	34.6	66.7	84	31.6	白音察干镇果园
				后旗红	4.9	8.4	13	41.7	62.3	17.8	
				冀张薯12	3.7	5.2	6.1	28.8	39.3	13.5	
	呼和浩特市	清水河县	城关镇东庄子	克新1号	1	1	2	95	99	25	

注：CARAH为按照内蒙古自治区马铃薯晚疫病数字化字监控系统的指导，进行科学防控的结果；自防为没有经过预警模型的指导，按常规测报方法或按经验指导防治后的调查结果；对照为不防治田的结果。

四、影响CARAH模型准确性的因素

病害流行受寄主、病原菌、环境以及人的行为影响。对于马铃薯晚疫病而言，相同品种在不同气候环境、不同菌源结构下，其流行规律也有差异，这些都会影响CARAH模型的准确性。

（一）品种抗性

培育抗性品种是防控马铃薯晚疫病最直接、最经济的方法。品种抗性机制不同，有的表现为抗侵入，有的表现为抗扩散等，都会影响CARAH模型的参数及其预测的准确性。已有研究表明，对于不同抗性的马铃薯品种，CARAH模型预测的田间中心病株出现时间及代次是不同的，即使是同一品种，在不同区域也存在差异。感病品种是符合CARAH模型最初设计的，抗病品种经常在致病疫霉发生5～6代1次侵染时，可见中心病株。目前的研究初步明确了CARAH模型应用于我国不同抗性品种的基本规律，但尚未建立抗性指标与中心病株出现时间预测的定量关系。此外，品种的生育期长短也对CARAH模型的准确性有影响，早熟品种在3代1次、中晚熟品种在4代1次以后田间才会发现中心病株。目前生产上早熟品种一般为感病品种，而中晚熟品种一般比较抗病。

（二）种植区域气候环境

马铃薯晚疫病受气候因素，特别是受湿度和温度影响大，决定着致病疫霉的侵入和侵入风险程度。因此，任何影响马铃薯种植区域环境的因素均会影响CARAH模型的应用，如海拔、干旱、冷凉气候等。由于CARAH模型是基于感病品种在常年湿度较高的区域研发的，干旱气候特征对模型应用存在影响。内蒙古西部地区部分旗（县）常年为干旱气候，湿度低，需进一步摸索，确定更符合当地的马铃薯种植区域气候特征的参数。

（三）病原菌群体结构

病原菌群体结构对CARAH模型的影响，是通过品种抗性表现的。根据基因对基因假说，寄主的抗性基因和病菌的致病基因是对应的，在生产上，马铃薯品种多为垂直抗性品种，对少数生理小种存在抗性，且在选择压力大的情况下抗性也会衰退。同一个品种对不同的病菌群体结构的抗性表现是不一样的，因此，即使针对同一个品种，CARAH模型在不同地区的适用性也会存在差异。寄生适合度可衡量马铃薯和致病疫霉的互作关系，应考虑将寄生适合度作为CARAH模型的参考之一。

由于内蒙古马铃薯主产区南北气候差异大、品种复杂，CARAH模型需要调整和校验才能普遍适用于内蒙古的马铃薯产区。虽然各地反映CARAH模型比较准确，但其中也存在着对模型原理和应用技术掌握不够而出现理解偏差的情况。今后应围绕CARAH模型在不同生态区域下的适用性，开展相关更细致深入的研究，通过将模型预测与田间调查相结合，研究不同品种抗性、不同区域气候特征和不同病菌群体结构下，CARAH模型的适用性参数，分类制定应用CARAH模型开展马铃薯晚疫病监测预警的技术方法，提高内蒙古马铃薯晚疫病监测预警水平。

五、内蒙古马铃薯晚疫病智慧测报技术

短期预警

马铃薯晚疫病受气候因素影响大，条件适宜时很快暴发蔓延至全田，因此做好马铃薯晚疫病短期预警对病害控制极其重要。近年来，马铃薯主产区陆续应用CARAH模型进行马铃薯晚疫病短期预警，指导防控。CARAH模型是目前我国马铃薯主产区应用最为广泛的模型，应用该模型开展马铃薯晚疫病预警重在掌握原理，准确判读模型结果。

使用内蒙古自治区马铃薯晚疫病实时监测预警系统，自田间出现第一棵马铃薯幼苗时，开启田间气象站，及时在系统的"监测期设置"功能模块中录入监测区域马铃薯种植品种、出苗始见期和预计收获期。从幼苗始见日起，定期访问预警系统，当监测点第3代第1次侵染曲线生成后，GIS地图上该监测点会以红色圆形提示。此时病虫测报人员应加强监测，并开展田间调查工作，直至马铃薯植株枯黄为止。

1. CARAH模型原理

CARAH模型基于田间小气候，假设致病疫霉在一定的温度下经过一定时间的湿润期，可以成功侵染马铃薯植株并引致发病。当马铃薯生长季节出现表2-5中任何一种情形后，致病疫霉的孢子将进入植株叶片内，开始侵染。一定温度下，湿润期持续时间越长，马铃薯晚疫病侵染越重。湿润期平均温度在 7 ~ 18℃，引起轻度、中度、重度、极重度侵染所需的湿润期持续时间分别在 10.75 ~ 16.5h、11 ~ 19.5h、14 ~ 22.5h、17 ~ 25.5h；当平均温度在 19 ~ 22℃时，与18℃时相似；当平均温度为23 ~ 26℃时只有轻度侵染，温度超过27℃则不发生侵染。

当温度低于7℃时，致病疫霉一般不能正常生长，即使相对湿度达到了其生长发育所必需的要求（相对湿度 >90%）也不会发生病害。当温度越高，相对湿度在90%以上的持续时间越长，马铃薯晚疫病发生的程度越严重。例如，在湿润期间，平均温度为7℃时，只有湿润期在16.5h以上才可能发生轻微侵害，在此平均温度下，要发生极严重的侵害，湿润期需持续的时间要在25.5h以上；而湿润期间的平均温度达到15℃时，只需10.75h就可发生轻微侵害，只需20h就会发生极严重的侵害。不管湿润期间平均温度多高，都需要叶片保持湿润的时间达到一定的限度，才会发生侵染，这与各地的实际情况相关（生理小种、病菌数量和品种抗性等），一般在8h以上。

表2-5　致病疫霉侵染程度与湿润期平均温度和持续时间的关系

湿润期平均温度/℃	湿润期（相对湿度大于90%）持续时间/h			
	轻度	中度	重度	极重度
7	16.30	19.30	22.30	25.30
8	16.00	19.00	22.00	25.00
9	15.30	18.30	21.30	24.30
10	15.00	18.00	21.00	24.00
11	14.00	17.30	20.30	23.30
12	13.30	17.00	19.30	22.30
13	13.00	16.00	19.00	21.30
14	11.30	15.00	18.00	21.00
15	10.45	14.00	17.00	20.00
16	10.45	13.00	16.00	19.00
17	10.45	12.00	15.00	18.00
18	10.45	11.00	14.00	17.00
19 ~ 22	10.45	11.00	14.00	17.00

注：如果湿润期被中断的时间不超过3h，该湿润期将连续计算；如果中断的时间超过4h，则计算为两个不同的湿润期；侵染湿润期持续超过48h，则每24h形成1次侵染湿润期，侵染程度为极重。侵染湿润期持续超过48h，则每24h形成1次侵染湿润期，侵染程度为极重。

因此，得到每天的平均温度后，就可以根据表2-6中提供的数据得到1个分值，然后将每天得到的分值进行累加，当积分达到7分时，该次侵染结束，新的侵染过程即将开始。当某次侵染由前次侵染所引起的视为同一代侵染，否则为新一代侵染。在比利时，2000年前主要采用 Guntz-Divoux 方法进行分值计算，但由于近年来生理小种的变化，现在一般采用 Conce 的参数进行分值计算。根据经验，当发生3代侵染后，田间感病品种将出现发病中心，据此对马铃薯晚疫病进行监测预警。

表2-6　侵染得分计算方法

Guntz-Divoux 方法		Conce 参数	
温度范围 / ℃	得分	温度范围 / ℃	得分
<10	0	<8	0
10 ~ 12	0.25	8.1 ~ 12	0.75
12.5 ~ 14	0.5	121 ~ 16.5	1
14.5 ~ 17	1	16.6 ~ 20	1.5
17.5 ~ 20	2	>20.1	1
20.5 ~ 23	1		

2.侵染曲线绘制原理

（1）湿润期得分计算

从出苗始见期开始，将田间气象站采集的气象数据根据表2-5计算侵染湿润期的形成以及侵染程度。1次侵染湿润期形成后，形成的当天得分为0，将以后每天的平均温度，对照表2-6的Conce参数得到一个分数，并将每天得分累加，当≥7分即视为完成1次侵染循环。

$$\sum S_i \geqslant 7$$

其中，S_i表示1次侵染循环开始后第i天的得分。

（2）侵染曲线的绘制

根据每日湿润期积分，在Excel表格内，以日期为横坐标、积分为纵坐标绘制侵染曲线。当积分达到7分时该次侵染终止。按照第1个侵染湿润期形成直至该次侵染结束期间，发生的所有侵染均属于同一代；此后发生的侵染属于下一代。同一代期间发生的侵染按序列命名，例如，第1代第1次侵染，第1代第2次侵染，……

根据2013年6月26日至8月3日乌兰察布市兴和县监测点逐日湿润期情况，按照上述规则系统自动绘制生成的侵染曲线如图2-52所示。

3.侵染情况判读

侵染代次判读

依据上述侵染代次判断规则，图2-52中的侵染曲线代次划分如表2-7所示。第1个侵染

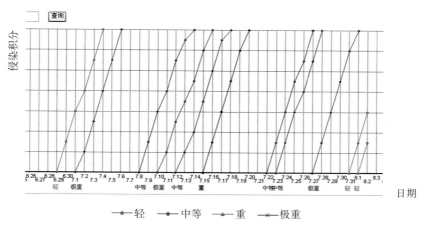

图2-52　2013年6月26日至8月3日乌兰察布市兴和县监测点侵染曲线

湿润期于6月29日形成，即第一条侵染曲线于6月29日生成，7月4日达到7分，侵染完成。在6月29日至7月4日内形成的侵染，如7月1日和6月29日的侵染都算同一代，至7月6日第1代共完成2次侵染。此后，7月8日生成第2代第1次侵染，此次侵染至7月14日达到7分结束，期间共发生3次侵染，为第2代。第3代第1次侵染形成于7月15日，至7月20日达到7分，期间仅发生1次侵染。

表2-7　2013年6月26日至8月3日乌兰察布市兴和县监测点代次情况

日期	6月29日	7月1日	7月8日	7月10日	7月12日	7月15日	7月22日	7月23日	7月27日	7月31日	8月1日
侵染代次（次/代）	1/1	2/1	1/2	2/2	3/2	1/3	1/4	2/4	3/4	1/5	2/5

　　另外，还有一种比较复杂曲线，前一代的1次侵染达到7分时，另一条侵染曲线从这一天开始侵染，出现重叠情况。如图2-53乌兰察布市察哈尔右翼后旗白音察干果园2018年侵染曲线图，第2代1次侵染达到7分时，是7月11日，同一天，另一条侵染曲线开始侵染，该曲线应计算为第2代第2次，还是算到第3代第1次？7月18日、7月21日、7月25日、

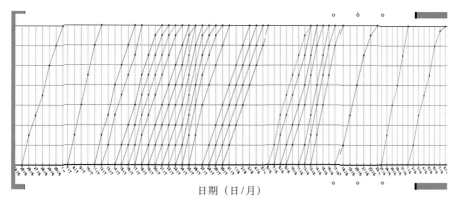

图2-53　乌兰察布市察哈尔右翼后旗白音察干果园2018年侵染曲线图

7月27日、8月13日、8月18日和9月1日，最后一年共几代多少次侵染？这些疑虑会影响预警日期的判读。

在这种重叠情况下，要打开马铃薯晚疫病预警系统中侵染曲线中同一监测点的"湿润期统计"，查找重叠时间的侵染时间，如果是在14：00前侵染的，算为上一代，如果是在14：00后侵染的，就算入下一代。例如：打开系统中察哈尔右翼后旗白音察干果园2018年湿润期统计数据，查到重叠日期的侵染时间：7月12日8：00，7月18日22：00，7月21日21：00，7月25日10：00，7月27日22：00，8月13日8：00，9月1日3：00，按照上述规则，7月18日、7月21日、7月27日侵染时间是14：00之后，应计入下一代，其他的计入上一代。代次情况见表2-8。

表2-8　2018年乌兰察布市察哈尔右翼后旗白音察干果园测点代次情况

日期	6月2日	7月7日	7月11日	7月12日	7月14日	7月15日	7月16日	7月17日	7月18日	7月19日	7月20日	7月21日	7月22日	7月23日	7月24日
侵染代次（次/代）	1/1	2/1	2/2	3/2	1/3	2/3	2/3	3/3	4/3	5/3	6/3	1/4	2/4	3/4	4/4
日期	7月25日	7月27日	7月28日	7月29日	7月30日	8月6日	8月7日	8月8日	8月9日	8月11日	8月12日	8月13日	8月17日	8月27日	9月1日
侵染代次（次/代）	5/4	1/5	2/5	3/5	4/5	1/6	2/6	3/6	4/6	5/6	6/6	7/6	1/7	1/8	2/8

4.短期预警与防控策略

（1）中心病株出现时间预警

受病原菌群体结构复杂、田间初侵染菌源、地域性气候差异、品种抗性不同等因素影响，不同地区、不同品种中心病株出现时间有差异。根据各地多年的试验结果和基于CARAH模型中心病株出现时间的预测实践，不同抗性品种建议参考如下标准预测中心病株的出现时间。

①对于高感品种。第3代第1次侵染曲线生成后，根据未来5 d内天气预报提供的温度数据，对照Conce参数计算，中心病株出现时间预计在第3代第1次侵染，分值在3 ~ 7分期间，此时开展田间中心病株调查，每隔1 d调查1次，直到调查到中心病株为止。

②对于中感品种。第4代第1次侵染至第5代第1次侵染期间，根据未来5 d内天气预报提供的温度数据，对照Conce参数计算，分值在3 ~ 7分期间，个别品种可能在第6代第1次，此时开展田间中心病株调查，每隔1d调查1次，直到调查到中心病株为止。

（2）药剂防治技术指导

马铃薯晚疫病是一种流行性病害，重在预防，一般需在致病疫霉发生侵染前后开展预防，因此，制定科学的防治策略是发挥CARAH模型作用的关键。CARAH模型对中心病株及其后侵染状况的预测，为田间马铃薯晚疫病的防治提供了依据。根据张斌等（2015）的研究结果，由于不同抗性品种在不同区域，中心病株出现时间存在差异，应用CARAH模型指导马铃薯晚疫病防控时应分类，从2012—2018年田间中心病株出现时间看，以呼伦贝尔为代表的兴安岭沿麓中心病株一般出现在6月25日至7月29日，生长期一般出现在现蕾期的前10d一直到收获期，也常常出现苗期由于种薯带菌局部发病的情况。经过试验和摸索，初步形成了适合当地的防控策略（表2-9）；感病品种从第3～4代，抗病品种从第5～6代，在第1次侵染积分为1～6分时开始第1次保护剂喷药防治，以后间隔7～10 d用治疗性药剂防治1次。但仍需要开展相关试验，为每个地区制定更有针对性、更科学的防控策略。

表2-9　CARAH模型指导下的马铃薯晚疫病防控策略

品种类型	生育期	施药时间	施用药剂
高感品种	出苗始见期至营养生长期	3代1次及以后各代1次侵染，分值在3～7分	喷施保护性杀菌剂
	营养生长期天后至收获期		喷施治疗性杀菌剂
中感品种	苗期至现蕾期	5代1次及以后各代1次侵染，分值在3～7分	喷施保护性杀菌剂
	现蕾期至收获期		喷施治疗性杀菌剂

①对于高感品种。出苗始见期到收获期，第3代第1次侵染生成后，根据未来5d内天气预报提供的温度数据，对照conce参数计算，每代第1次侵染湿润期分值为3～7分时，选用保护性杀菌剂进行防治；出苗始见期至收获期内，预计每代第1次侵染湿润期分值为3～7分时选用治疗性杀菌剂进行防治，直至马铃薯叶片全部枯黄为止。

②对于中感品种。出苗始见期至收获期，从第5代第1次侵染开始，根据未来5d内天气预报提供的温度数据，对照conce参数计算，每代第1次侵染湿润期分值为3～7分时选用保护性杀菌剂进行防治；在现蕾期至收获期内，每代第1次侵染湿润期分值为3～7分时选用治疗性杀菌剂进行防治，直至马铃薯叶片全部枯黄为止。

（3）发生预警

中心病株出现后，应及时关注湿润期极重度侵染和重度侵染的数量，极重度侵染和重度侵染次数之和超过总侵染次数50%，未来10～15d内天气阴雨连绵、多雾、多露时，马铃薯晚疫病将呈偏重以上发生趋势。根据预警和田间监测结果，当田间发现中心病株后，应及时发布马铃薯晚疫病预警信息。

第三节　内蒙古马铃薯晚疫病抗性品种评价体系的基础性研究

一、不同马铃薯品种对马铃薯晚疫病抗性的鉴定

利用离体叶片接种法，将致病疫霉孢子悬浮液（1×10^6 个/mL）接种到24份不同马铃薯品种的叶片上，4d后测量病斑的面积。通过计算病斑面积占叶片面积的百分率来评价24份马铃薯品种对马铃薯晚疫病的抗性水平。通过该方法，建立了离体叶片快速鉴定马铃薯

晚疫病抗性的鉴定体系，并筛选出高抗品种1个，抗病品种3个，中抗品种9个，感病品种7个，高感品种4个。

二、*AtROP1*、*StRAC1* 和 *StBAG3* 3个基因介导马铃薯晚疫病抗性机制研究

将外源小G蛋白基因 *AtROP1*、马铃薯内源小G蛋白基因 *StRAC1* 和马铃薯 *StBAG3* 基因分别在马铃薯中瞬时表达、超表达和沉默，利用离体叶片接种法，初步研究 *AtROP1*、*StRAC1*、*StBAG3* 在马铃薯晚疫病抗性中的调节作用，结果证明3个基因均能够调控马铃薯对马铃薯晚疫病的抗性。*AtROP1*、*StRAC1* 和 *StBAG3* 3个基因被瞬时表达和超表达后，接种致病疫霉的部位病斑面积显著降低，使马铃薯对该病的抗性增加；将 *StRAC1* 基因沉默后，接种致病疫霉的部位病斑面积显著增加，降低了马铃薯对该病的抗性，说明3个基因起到了正向调控的作用。

研究接种致病疫霉后叶片中的过氧化氢产生量，发现 *AtROP1*、*StRAC1* 和 *StBAG3* 超表达后，均使过氧化氢的积累量提高，结合上面的结果，说明 *AtROP1*、*StRAC1* 和 *StBAG3* 调控马铃薯晚疫病抗性主要是通过诱导过氧化氢的产生而实现的。

第三章
内蒙古马铃薯晚疫病智慧测报及减药控害关键技术创新与应用

第一节 马铃薯晚疫病智慧测报关键技术研发与应用

一、应用马铃薯晚疫病智慧预测技术指导田间防治试验

（一）试验设计

在呼伦贝尔大雁镇地区，进行马铃薯晚疫病智慧预测技术指导田间防治的试验。设置4个处理，分别为CARAH模型、史密斯晚疫病预测预报模型（简称史密斯模型）、常规处理和空白对照处理（表3-1）。试验马铃薯品种选用费乌瑞它（原种）和克新1号（原种）。

试验采用田间随机区组排列，3次重复，每个小区34m²，行距0.9m，株距0.18m，每个小区种植6垄，每垄36株，每个小区共种植100株，试验共占地1.5亩，四周全部加设保护行，保护行总占地面积2亩。进行正常的田间管理，如果不发病，增加湿度（适当灌溉），人工接种发病。

表3-1 试验处理

编号	品种	处理
处理1	费乌瑞它	常规处理
处理2	费乌瑞它	CARAH
处理3	费乌瑞它	史密斯晚疫病预测预报模型
处理4	费乌瑞它	空白对照
处理5	克新1号	常规处理
处理6	克新1号	CARAH
处理7	克新1号	史密斯晚疫病预测预报模型
处理8	克新1号	空白对照

按照统一的药剂进行防控，具体防控马铃薯晚疫病的药剂、剂量、施药顺序及施药次数见表3-2，常规处理按照当地的打药时间打药，各模型组按照模型指导的打药时间打药，空白处理喷施清水。

表3-2　马铃薯晚疫病预测预报试验施药计划

施药次数	农药名称	剂型	含量/%	单位用量/(kg/亩)	生产商
第1次	安泰生	WP	70	0.150	拜耳
第2次	克露	WP	72	0.150	杜邦
第3次	百泰	WG	60	0.060	巴斯夫
第4次	科佳	SC	10	0.040	日本石原
第5次	安泰生	WP	70	0.100	拜耳
第6次	抑快净	WG	52.5	0.040	杜邦
第7次	福帅得	SC	50	0.027	日本石原
第8次	银法利	SC	68.75	0.075	拜耳
第9次	瑞凡	SC	25	0.040	先正达
第10次	科佳	SC	10	0.040	日本石原

（二）结果分析

1.产量分析

由表3-3可以看出，各处理间差异极显著，对各处理进行多重比较（表3-4、表3-5），发现常规打药处理与CARAH模型指导打药差异不显著，与史密斯模型指导打药差异显著，但CARAH模型和史密斯模型处理亩产差异不显著。克新1号（V2）的亩产量显著高于费乌瑞它（V1）亩产量。

表3-3　大雁地区产量方差分析表

	自由度	总的离差平方和	均方	检验统计量F值	显著性差异
品种	1	645 908	5.408 2	5.408 2	0.032 67*
处理	3	12 654 229	4 218 076	35.317 8	0.032 67**
重复	2	882 960	441 480	3.696 5	0.046 46*
剩余误差	17	2 030 343	119 432		

注：*表示0.05水平下差异显著；**表示在0.01水平下差异极显著。

表3-4　处理间亩产量多重比较

处理	亩产/kg	差异显著	标准差
T1	2 867	a	533.353 4
T2	2 786	ab	337.537 5
T3	2 423	b	282.719
T4	1 060	c	483.233 6

表3-5　品种间亩产量多重比较

品种	亩产/kg	差异显著	标准差
V1	2 120	a	910.685 2
V2	2 448	b	765.429 7

2. AUDPC分析

由表3-6可以看出，各处理间和各品种间差异均极显著，进行多重比较（表3-7、表3-8），发现常规打药处理与CARAH模型指导打药发病程度上差异不显著，与史密斯模型指导打药差异显著，CARAH模型和史密斯模型处理发病程度上差异显著；品种间克新1号（V2）的发病程度显著低于费乌瑞它（V1）的发病程度。

表3-6　大雁地区晚疫病AUDPC方差分析表

	自由度	总的离差平方和	均方	检验统计量F值	显著性差异
品种	1	6 972 504	6 972 504	231.632 4	2.461 1[**]
处理	3	17 439 397	5 813 132	193.117 1	2.501 3[**]
重复	2	235 262	117 631	3.907 8	0.040 15[*]
剩余误差	17	511 727	30 102		

注：*表示0.05水平下差异显著；**表示在0.01水平下差异极显著。

表3-7　处理间AUDPC多重比较

处理	AUDPC	差异显著	标准差
T4	3 422	a	426.551 9
T3	1 833	b	764.094 6
T2	1 422	c	583.208 9
T1	1 227	c	661.799 7

表3-8 品种间AUDPC多重比较

品种	AUDPC值	差异显著	标准差
V1	2 527	a	835.169 4
V2	1 449	b	977.650 2

3.打药次数及成本分析

常规打药从7月4日开始打药，共进行10次。马铃薯预测预报系统从7月9日开始出现中心病株，根据气象站提供的数据喷药，CARAH模型共喷施6次，史密斯模型共喷施6次。根据亩产量和AUDPC分析可以看出，史密斯模型指导打药对马铃薯晚疫病防控和亩产与常规打药处理差异不显著，但整个生育期可减少用药4次，降低农药成本约85元/亩，节省人工100元/亩左右（图3-1）。

图3-1 田间概况

（三）结论与分析

马铃薯晚疫病预测预报模型可有效指导马铃薯晚疫病防控，减少用药次数，降低生产成本；CARAH模型略优于史密斯模型（表3-9）。

表3-9 各处理喷药时间记录表

地点	编号	品种	处理	第1次	第2次	第3次	第4次	第5次	第6次	第7次	第8次	第9次	第10次
大雁	处理1	费乌瑞它	常规打药	7月4日	7月11日	7月18日	7月23日	7月28日	8月2日	8月8日	8月14日	8月21日	8月27日
大雁	处理2	费乌瑞它	CARAH模型	7月12日	7月18日	7月23日	8月7日	8月14日	8月21日				
大雁	处理3	费乌瑞它	史密斯模型	7月9日	7月18日	7月25日	8月6日	8月14日	8月27日				
大雁	处理4	费乌瑞它	空白对照										

（续）

地点	编号	品种	处理	第1次	第2次	第3次	第4次	第5次	第6次	第7次	第8次	第9次	第10次
大雁	处理5	克新1号	常规打药	7月4日	7月11日	7月18日	7月23日	7月28日	8月2日	8月2日	8月14日	8月21日	8月27日
大雁	处理6	克新1号	CARAH模型	7月12日	7月18日	7月23日	8月7日	8月14日	8月21日				
大雁	处理7	克新1号	史密斯模型	7月9日	7月18日	7月25日	8月6日	8月14日	8月27日				
大雁	处理8	克新1号	空白对照										

二、马铃薯晚疫病智慧测报在内蒙古的实践应用

马铃薯是内蒙古农业的主导产业之一，是农民收入的主要来源。一旦气候条件适宜马铃薯晚疫病发生，其流行蔓延速度较快，成为影响马铃薯生产的主要因素。为了科学合理利用内蒙古马铃薯晚疫病监测预警系统指导马铃薯种植，精准施药，设立专业化综防区、种植大户传统防治区、农民自防区、非防区等处理区，调查统计不同处理区内该病发生为害情况、防治时间、用药的方法和途径。

（一）试验设计

在乌兰察布市察哈尔右翼后旗红格尔图镇高家村、呼伦贝尔市阿荣旗音河乡和平村进行试验，监测仪器为马铃薯晚疫病监测预警系统小气候监测仪。乌兰察布市察哈尔右翼后旗红格尔图镇高家村马铃薯主栽品种有高度感病品种荷兰15，中度感病品种后旗红和抗性品种冀张薯12，共3个，呼伦贝尔市阿荣旗音河乡和平村主栽品种有高度感病品种费乌瑞它、大西洋，中度感病品种兴佳2号、纬拉斯，抗病品种蒙薯19、蒙薯21。监测时间：从当地马铃薯播种开始，直至马铃薯收获。

（二）试验地的环境条件

乌兰察布市察哈尔右翼后旗红格尔图镇高家村试验地为113°11′0.6″E，41°38′47″N，海拔高度1 449m，常年无霜期115d，年平均降水量280mm；试验地灌排配套，地块平整，土壤类型为栗钙土、沙壤土，土壤肥力水平中等。

呼伦贝尔市阿荣旗音河乡和平村试验地123°4′55″E，48°2′31″N，海拔210m。常年无霜期115d，年平均降水量450mm，试验地土壤为暗棕壤，肥力中等。

（三）试验方法

1.中心病株出现时间监测

自马铃薯开始播种起，开启田间小气候监测仪，调整马铃薯晚疫病监测预警系统中当

地马铃薯晚疫病监测期，在监测预警系统显示3代1次侵染前后，每天调查田间是否出现中心病株，直至发现中心病株，并记录。

2.侵染代次与田间发病情况比较分析

自田间发现中心病株后，田间每5d调查1次，直至马铃薯收获。记录病株率、病叶率、严重度，调查当日预警系统中晚疫病菌侵染代次、分值，并记录。

3.利用马铃薯晚疫病监测预警系统指导病害防治

按照内蒙古马铃薯晚疫病监测预警系统的指导，阿荣旗农业监测点系统侵染曲线出现侵染3代1次3分的时间是6月27日，此时植保部门发出中心病株出现时间预警，并从这天开始，技术人员隔天调查，由植保部门制定防治策略。

①对于高感品种。在6月27日后2～3d选用保护性杀菌剂进行防治；出苗始见期至收获期内，根据系统提示，每出现下一代侵染达到3分的情况时，选用治疗性杀菌剂进行防治，即植保部门分别在7月14日、7月20日、8月5日、8月18日、8月28日和9月5日发出防治预报，警示用户精准用药，以确保防治效果，直至马铃薯叶片全部枯黄为止。

②对于中感品种。在7月20日开始，于8月5日、8月18日、8月28日和9月5日发出防治预警，因呼伦贝尔地区此时马铃薯已是现蕾期至收获期，提示选用治疗性杀菌剂进行防治。

（四）结果分析

1.发生预警

感病品种大西洋和费乌瑞它中心病株出现时间都是7月11日，系统侵染曲线显示是4代2次侵染6.5分，同时4代3次侵染达到3分，都为极严重侵染，系统预警时间较发病时间提前了10～14d；中抗品种兴佳2号、纬拉斯中心病株出现时间是5代1次5分，蒙薯19和蒙薯21中心病株出现时间是6代1次5分，系统预警时间较发病时间分别提前了15～19d和21～25d（图3-2、图3-3，表3-10）。

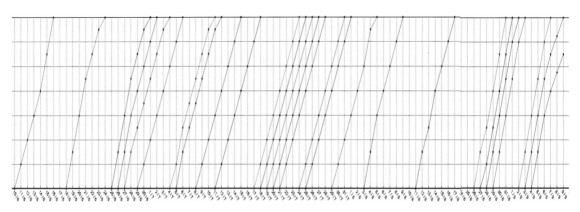

日期（日/月）

图3-2　2018年呼伦贝尔市阿荣旗现代科技园区侵染曲线

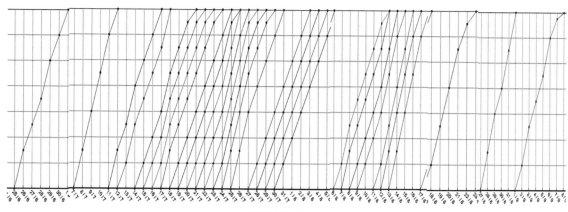

日期（日/月）

图3-3　乌兰察布市察哈尔右翼后旗白音察干果园2018年侵染曲线

表3-10　马铃薯晚疫病中心病株出现时间与侵染情况记录表

地点	品种	播种时间	出苗时间	田间中心病株发现时间	对应侵染代次分值		系统预测中心病株出现时间	预警提前天数/d
					代/次	分值		
阿荣旗	大西洋	5月5日	6月12日	7月11日	4/2	6.5	6月27日至7月1日	10～14
	费乌瑞它	5月5日	6月12日	7月11日	4/2	6.5	6月27日至7月1日	10～14
	兴佳2号	5月5日	6月12日	7月16日	5/1	5	6月27日至7月1日	15～19
	纬拉斯	5月5日	6月12日	7月16日	5/1	5	6月27日至7月1日	15～19
	蒙薯19	5月5日	6月12日	7月22日	6/1	5	6月27日至7月1日	21～25
	蒙薯21	5月5日	6月12日	7月22日	6/1	5	6月27日至7月1日	21～25
察哈尔右翼后旗	荷兰15	5月10日	5月26日	7月23日	4/1	2	7月17—21日	2～6
	后旗红	5月5日	5月20日	7月29日	5/1	2	7月17—21日	9～13
	冀张薯12	5月1日	5月21日	8月3日	5/4	4	7月17—21日	14～18

2.发病情况

结合阿荣旗侵染曲线和马铃薯晚疫病发病情况调查表得出致病疫霉侵染程度与病情指数的关系（表3-11）。在2011—2012年进行马铃薯晚疫病发生程度及危害损失评估试验，2012—2014年进行马铃薯病、虫、草害综合危害损失试验，2018年进行农药减量控害试验，不同品种的发生程度与危害损失关系见表3-12。

表3-11 马铃薯晚疫病发病情况调查表

调查地点	调查品种	调查时间	调查面积/m²	发病面积/m²	调查株数/株	发病株数/株	发病率/%	各级发病株数/株					病情指数	对应的侵染代次分值
								0级	1级	2级	3级	4级		
阿荣旗音河乡和平村	费乌瑞它	7月11日	17	0	100	1	1	99	1				0.25	5代1次0分
		7月16日	17	0	100	1	1	99	1				0.25	5代1次6分
		7月21日	17	0	100	1	1	99	1				0.25	6代1次3.5分
		7月26日	17	0	100	1	1	99	1				0.25	7代1次1分
		7月31日	17	0	100	2	2	98	2				0.5	7代1次7分
		8月6日	17	3	100	20	20	80	20				5	8代1次4分
		8月11日	17	5	100	30	30	70	10	20			12.5	9代1次0分
		8月16日	17	17	100	100	100				75	25	62.5	9代1次7分
		8月20日	17	17	100	100	100					100	100	9代1次7分后4d
		8月25日	17	17	100	100	100					100	100	9代1次7分后9d
		8月30日	17	17	100	100	100					100	100	10代1次7分
	大西洋	7月11日	17	1	100	1	1	99	1				0.25	5代1次0分
		7月16日	17	1	100	1	1	99	1				0.25	5代1次6分
		7月21日	17	1	100	1	1	99	1				0.25	6代1次3.5分
		7月26日	17	1	100	1	1	99	1				0.25	7代1次1分
		7月31日	17	1	100	2	2	98	2				0.5	7代1次7分
		8月6日	17	3	100	20	20	81	19				4.75	8代1次4分
		8月11日	17	5	100	30	30	70	11	19			12	9代1次0分
		8月16日	17	17	100	100	100			75	20	5	53	9代1次7分
		8月20日	17	17	100	100	100				11	89	97.2	9代1次7分后4d
		8月25日	17	17	100	100	100					100	100	9代1次7分后9d
		8月30日	17	17	100	100	100					100	100	10代1次7分

（续）

调查地点	调查品种	调查时间	调查面积/m²	发病面积/m²	调查株数/株	发病株数/株	发病率/%	各级发病株数/株					病情指数	对应的侵染代次分值
								0级	1级	2级	3级	4级		
阿荣旗音河乡和平村	兴佳2号	7月16日	17	0	100	1	1	99	1				0.25	5代1次6分
		7月21日	17	0	100	1	1	99	1				0.25	6代1次3.5分
		7月26日	17	0	100	1	1	99	1				0.25	7代1次1分
		7月31日	17	0	100	1	1	99	1				0.25	7代1次7分
		8月6日	17	0	100	1	1	99	1				0.25	8代1次4分
		8月11日	17	0	100	1	1	99	1				0.25	9代1次0分
		8月16日	17	1	100	4	4	96	4				1	9代1次7分
		8月20日	17	5	100	21	21	79	21				5.25	9代1次7分后4d
		8月25日	17	17	100	60	60	40	5	55			28.75	9代1次7分后9d
		8月30日	17	17	100	60	60	40	3	57			29.25	10代1次7分
		9月6日	17	17	100	100	100					100	100	11代1次7分
	纬拉斯	7月16日	17	0	100	1	1	99	1				0.25	5代1次6分
		7月21日	17	0	100	1	1	99	1				0.25	6代1次3.5分
		7月26日	17	0	100	1	1	99	1				0.25	7代1次1分
		7月31日	17	0	100	1	1	99	1				0.25	7代1次7分
		8月6日	17	0	100	1	1	99	1				0.25	8代1次4分
		8月11日	17	0	100	1	1	99	1				0.25	9代1次0分
		8月16日	17	1	100	4	4	96	4				1	9代1次7分
		8月20日	17	3	100	21	21	79	21				5.25	9代1次7分后4d
		8月25日	17	17	100	59	59	41	5	54			28.25	9代1次7分后9d
		8月30日	17	17	100	64	64	36	5	59			30.75	10代1次7分
		9月6日	17	17	100	100	100					100	100	11代1次7分

（续）

调查地点	调查品种	调查时间	调查面积/m²	发病面积/m²	调查株数/株	发病株数/株	发病率/%	各级发病株数/株					病情指数	对应的侵染代次分值
								0级	1级	2级	3级	4级		
阿荣旗音河乡和平村	蒙薯19	7月22日	17	0	100	1	1	99	1				0.25	6代1次4.5分
		7月26日	17	0	100	1	0	99	1				0.25	7代1次1分
		7月31日	17	0	100	1	0	99	1				0.25	7代1次7分
		8月6日	17	0	100	1	0	99	1				0.25	8代1次4分
		8月11日	17	0	100	1	0	99	1				0.25	9代1次0分
		8月16日	17	1	100	3	3	97	3				0.75	9代1次7分
		8月22日	17	2	100	12	12	88	12				3	9代1次7分后4d
		8月25日	17	15	100	28	28	72	28				7	9代1次7分后9d
		8月30日	17	15	100	28	28	72	28				7	10代1次7分
		9月6日	17	17	100	100	100				10	90	97.5	11代1次7分
	蒙薯21	7月22日	17	0	100	1	1	99	1				0	6代1次4.5分
		7月26日	17	0	100	1	1	99	1				0	7代1次1分
		7月31日	17	0	100	1	1	99	1				0	7代1次7分
		8月6日	17	0	100	1	1	99	1				0	8代1次4分
		8月11日	17	0	100	1	1	99	1				0	9代1次0分
		8月16日	17	0	100	1	1	99	1				0	9代1次7分
		8月22日	17	0	100	1	1	99	1				0	9代1次7分后4d
		8月25日	17	0	100	1	1	99	1				0	9代1次7分后9d
		8月30日	17	12	100	20	20	80	20				0	10代1次7分
		9月6日	17	17	100	100	100				15	85	96.2	11代1次7分
察哈尔右翼后旗红格尔图镇高家村	荷兰15	7月29日			140	10	7.1	130	6	4			2.5	5代1次2分
		8月4日			140	16	11.4	124	9	7			4.1	5代4次4分
		8月10日			140	18	12.8	122	11	7			4.5	6代1次5.5分
		8月16日			140	19	13.5	121	12	7			4.6	7代6次4.5分
		8月21日			140	63	45	77	10	32	20	15	34.6	7代1次5.5分

（续）

调查地点	调查品种	调查时间	调查面积/m²	发病面积/m²	调查株数/株	发病株数/株	发病率/%	各级发病株数/株					病情指数	对应的侵染代次分值
								0级	1级	2级	3级	4级		
察哈尔右翼后旗红格尔图镇高家村	后旗红	8月4日			140	8	5.7	132	5	3			2.0	5代4次4分
		8月10日			140	14	10	126	8	6			4.3	6代1次5.5分
		8月16日			140	16	11.4	124	8	8			4.3	7代6次4.5分
		8月21日			140	34	24.3	106	8	9	11	6	14.8	7代1次5.5分
	冀张薯12	8月10日			140	4	2.8	136	4				0.7	6代1次5.5分
		8月16日			140	10	7.1	130	5	5			2.7	7代6次4.5分
		8月21日			140	12	8.5	128	7	5			3.0	7代1次5.5分

表3-12　不同品种的发生程度与危害损失结果关系调查表

调查地点	调查日期	调查品种	病情指数	产量损失率/%
阿荣旗	2011年8月26日	克新1号	65	21.3
	2011年8月26日		25	9.7
	2012年8月21日		100	37.5
	2012年8月28日		25	9.6
	2013年8月22日		50	20.4
	2014年8月26日		100	39.1
	2018年8月16日		100	32.8
阿荣旗	2011年8月26日	鲁引1号	100	39.1
	2011年8月26日		70	26.8
	2012年8月8日		100	58.6
	2012年8月28日		75	24
喀喇沁旗	2012年8月20日	费乌瑞它	100	37.8
阿荣旗	2018年8月16日		100	32.8
察哈尔右翼后旗	2018年8月23日	荷兰15	48.8	24

克新1号病情指数在25时，产量损失率近10%；病情指数为50～65时，产量损失率为21%左右；病情指数为100时，产量损失率37.5%～39.1%。鲁引1号病情指数为70～75时，产量损失率24%～26.8%；病情指数100，产量损失率近39.1%～58.6%。费

乌瑞它病情指数为100时，产量损失率32.5%～37.8%。荷兰15病情指数为48.8时，产量损失率为24%。从调查数据可以看出，不同品种的病情指数对产量损失率的影响差异较小，病情指数与产量损失的关系见表3-13。

表3-13　病情指数与产量损失和病害发生级别的关系

病情指数	0～25	25～50	50～75	75～100
产量损失率/%	0～10	10～20	20～30	30～60
病害发生级别	轻	中等	偏重	重

总结得出致病疫霉侵染程度与病情指数的关系，预报偏重发生或重发生的时间和分值。通过整理得出，轻发生、中等发生、偏重发生和重发生4级发生程度对应的病情指数，不同品种在4种不同发生程度重侵染比率、侵染的代数及次数所在范围以及之间关系。

从表3-14、表3-15中可以得出以下结论：不管感病还是中度抗病品种，重侵染比率超过50%，都为重发生；重度侵染比率为35%～50%，且侵染代数超过9代，侵染次数超过20次时，也为重发生。荷兰15在重度侵染比率为33.3%时，7代27次为重发生，6代24次为偏重发生。东部区中度抗病品种兴佳2号、蒙薯19、蒙薯21等，在9代20次侵染，重度侵染比率为30%～40%时，为轻发生，西部地区中度抗病品种冀张薯12和后旗红重度侵染比率在30%～40%时，为轻发生。

表3-14　致病疫霉侵染程度与病情指数的关系

年份	监测点	调查日期	品种	侵染代次		不同侵染程度次数				重侵染比率/%	中度以下侵染比率/%	病情指数	数据来源
				代	次	轻	中	重	极重				
2013	阿荣旗音河乡和平村	7月30日	克新1号	6	14	8	1	0	5	35.7	64.3	25	阿荣旗现代农业科技园
		8月8日		7	20	8	2	4	6	50	50	98	
		8月16日		8	23	9	4	4	6	43.5	56.5	98	
		8月22日		9	27	11	5	4	7	40.7	59.3	98	
2014	阿荣旗音河乡和平村	7月30日		3	4	2	0	1	1	25	75	25	阿荣旗现代农业科技园
		8月8日		3	5	3	1	1	1	33.3	66.7	50	
		8月16日		5	9	5	1	1	2	33.3	66.7	100	
		8月22日		5	10	5			2		75	100	
2018	阿荣旗音河乡和平村	7月11日	费乌瑞它	4	10	4	2	1	3	40	60	0.25	阿荣旗现代农业科技园
		7月16日		5	10	4	2	1	3	40	60	0.25	
		7月21日		5	10	4	2	1	3	40	60	0.25	
		7月26日		6	15	5	4	2	4	40	60	0.25	

（续）

年份	监测点	调查日期	品种	侵染代次		不同侵染程度次数				重侵染比率/%	中度以下侵染比率/%	病情指数	数据来源
				代	次	轻	中	重	极重				
2018	阿荣旗音河乡和平村	7月31日	费乌瑞它	7	17	6	5	2	4	35.3	64.7	0.5	阿荣旗现代农业科技园
		8月6日		7	18	7	5	2	4	33.3	66.7	5	
		8月11日		8	19	7	5	2	5	36.8	63.2	12.5	
		8月16日		9	20	7	6	2	5	35	65	62.5	
		8月20日		9	20	7	6	2	5	35	65	100	
		8月25日		9	20	7	6	2	5	35	65	100	
		8月30日		9	20	7	6	2	5	35	65	100	
2018	阿荣旗新发乡大有庄村	7月15日	布尔班克	5	10	4	2	1	3	40	60	0	阿荣旗现代农业科技园
		7月22日		5	11	5	4	2	4	40	60	0	
		7月29日		6	16	7	5	2	4	33.3	66.7	4.6	
		8月6日		8	19	7	5	2	5	36.8	63.2	11.4	
		8月13日		9	20	7	6	2	5	36.8	63.2	28.8	
		8月23日		9	20	7	6	2	5	36.8	63.2	48.8	
2018	阿荣旗音河乡和平村	7月11日	大西洋	4	10	4	2	1	3	40	60	0.25	阿荣旗现代农业科技园
		7月16日		5	10	4	2	1	3	40	60	0.25	
		7月21日		6	15	5	4	2	4	40	60	0.25	
		7月26日		7	17	6	5	2	4	35.3	64.7	0.25	
		7月31日		7	18	7	5	2	4	33.3	66.7	0.5	
		8月6日		8	19	7	5	2	5	36.8	63.2	4.75	
		8月11日		9	20	7	6	2	5	35	65	12	
		8月16日		9	20	7	6	2	5	35	65	53	
		8月20日		9	20	7	6	2	5	35	65	97.2	
		8月25日		9	20	7	6	2	5	35	65	100	
		8月30日		11	27	8	8	4	7	40.7	59.3	100	
2018	阿荣旗音河乡和平村	7月16日	兴佳2号	5	10	4	2	1	3	40	60	0.25	阿荣旗现代农业科技园
		7月21日		5	10	4	2	1	3	40	60	0.25	
		7月26日		6	15	5	4	2	4	40	60	0.25	

（续）

年份	监测点	调查日期	品种	侵染代次		不同侵染程度次数				重侵染比率/%	中度以下侵染比率/%	病情指数	数据来源
				代	次	轻	中	重	极重				
2018	阿荣旗音河乡和平村	7月31日	兴佳2号	7	17	6	5	2	4	35.3	64.7	0.25	阿荣旗现代农业科技园
		8月6日		7	18	7	5	2	4	33.3	66.7	0.25	
		8月11日		8	19	7	5	2	5	36.8	63.2	0.25	
		8月16日		9	20	7	6	2	5	35	65	1	
		8月20日		9	20	7	6	2	5	35	65	5.25	
		8月25日		9	20	7	6	2	5	35	65	28.75	
		8月30日		9	20	7	6	2	5	35	65	29.25	
		9月6日		11	27	8	8	4	7	40.7	59.3	100	
2018	阿荣旗音河乡和平村	7月16日	纬拉斯	5	10	4	2	1	3	40	60	0.25	阿荣旗现代农业科技园
		7月21日		5	10	4	2	1	3	40	60	0.25	
		7月26日		6	15	5	4	2	4	40	60	0.25	
		7月31日		7	17	6	5	2	4	35.3	64.7	0.25	
		8月6日		7	18	7	5	2	4	33.3	66.7	0.25	
		8月11日		8	19	7	5	2	5	36.8	63.2	0.75	
		8月16日		9	20	7	6	2	5	35	65	3	
		8月20日		9	20	7	6	2	5	35	65	7	
		8月25日		9	20	7	6	2	5	35	65	7	
		8月30日		9	20	7	6	2	5	35	65	97.5	
		9月6日		11	27	8	8	4	7	40.7	59.3	100	
2018	阿荣旗音河乡和平村	7月22日	蒙薯19	5	11	5	4	2	4	40	60	0.25	阿荣旗现代农业科技园
		7月26日		6	15	5	4	2	4	40	60	0.25	
		7月31日		7	17	6	5	2	4	35.3	64.7	0.25	
		8月6日		7	18	7	5	2	4	33.3	66.7	0.25	
		8月11日		8	19	7	5	2	5	36.8	63.2	0.25	
		8月16日		9	20	7	6	2	5	35	65	0.75	
		8月22日		9	20	7	6	2	5	35	65	3	
		8月25日		9	20	7	6	2	5	35	65	7	

（续）

年份	监测点	调查日期	品种	侵染代次 代	侵染代次 次	不同侵染程度次数 轻	不同侵染程度次数 中	不同侵染程度次数 重	不同侵染程度次数 极重	重侵染比率/%	中度以下侵染比率/%	病情指数	数据来源
2018	阿荣旗音河乡和平村	8月30日	蒙薯19	9	20	7	6	2	5	35	65	7	阿荣旗现代农业科技园
		9月6日		11	27	8	8	4	7	40.7	59.3	97.5	
		9月11日		11	27	8	8	4	7	40.7	59.3	100	
2018	阿荣旗音河乡和平村	7月22日	蒙薯21	5	11	5	4	2	4	40	60	0	阿荣旗现代农业科技园
		7月26日		6	15	5	4	2	4	40	60	0	
		7月31日		7	17	6	5	2	4	35.3	64.7	0	
		8月6日		7	18	6	6	2	4	33.3	66.7	0	
		8月11日		8	19	7	5	2	5	36.8	63.2	0	
		8月16日		9	20	7	6	2	5	35	65	0	
		8月21日		9	20	7	6	2	5	35	65	0	
		8月25日		9	20	7	6	2	5	35	65	0	
		8月30日		9	20	7	6	2	5	35	65	0	
		9月6日		11	27	8	8	4	7	40.7	59.3	96.2	
2018	察哈尔右翼后旗红格尔图镇高家村	7月29日	荷兰15	5	19	7	6	3	3	31.6	68.4	2.5	白音察干旱果园
		8月4日		5	20	7	7	3	3	30	70	4.1	
		8月10日		6	24	8	8	4	4	33.3	66.7	4.5	
		8月16日		7	27	10	8	4	4	33.3	66.7	4.6	
		8月21日		7	28	11	8	4	4	32.1	67.9	34.6	
2018	察哈尔右翼后旗乌兰哈达苏木后明村	7月18日	荷兰15	4	10	3	3	1	2	33.3	66.7	0.75	白音察干旱果园
		7月26日		4	12	5	5	3	3	37.5	62.5	1.25	
		8月3日		5	18	7	8	3	3	30	70	5	
		8月10日		6	24	8	8	4	4	33.3	66.7	30	
		8月16日		7	27	10	8	4	4	33.3	66.7	100	
2018	察哈尔右翼后旗红格尔图镇高家村	8月4日	后旗红	5	20	7	7	3	3	30	70	2.0	白音察干旱果园
		8月10日		6	24	8	8	4	4	33.3	66.7	4.3	
		8月16日		7	27	10	8	4	4	33.3	66.7	4.3	
		8月21日		7	28	11	8	4	5	32.1	67.9	14.8	

（续）

年份	监测点	调查日期	品种	侵染代次		不同侵染程度次数				重侵染比率/%	中度以下侵染比率/%	病情指数	数据来源
				代	次	轻	中	重	极重				
2018	察哈尔右翼后旗红格尔图镇	8月10日	冀张薯12	6	24	8	8	4	4	33.3	66.7	0.7	白音察干旱果园
		8月16日		7	27	10	8	4	5	33.3	66.7	2.7	
	高家村	8月21日		7	28	11	8	4	5	32.1	67.9	3.0	

表3-15 致病疫霉发生级别与病情指数的关系

	发生级别											
	轻			中等			偏重			重		
	病情指数											
	0～25			25～50			50～75			75～100		
品种	代数	总次	重侵染比率/%	代数	总次	重侵染比率/%	代数	总次	重侵染比率/%	代数	总次	重侵染比率/%
	3	4	25	3	5	33.3				7	20	50
				6	14	35.7				8	23	56.5
克新1号				9	20	36.8				9	27	59.3
				9	20	36.8				5	9	66.7
										5	10	75
	4	10	40		20	36.8	9	20	35	9	20	35
	5	10	40									
	5	11	40									
	6	16	33.3									
	8	19	36.8									
费乌瑞它	5	10	40									
	5	10	40							9	20	35
	6	15	40									
	7	17	35.3									
	7	18	33.3									
	8	19	36.8									

（续）

	发生级别											
	轻			中等			偏重			重		
	病情指数											
	0～25			25～50			50～75			75～100		
品种	代数	总次	重侵染比率/%	代数	总次	重侵染比率/%	代数	总次	重侵染比率/%	代数	总次	重侵染比率/%
费乌瑞它		10	40									
		15	40									
		18	33.3									
		19	36.8									
大西洋	4	10	40				9	20	35	9	20	35
	5	10	40							9	20	35
	6	15	40							11	27	40.7
	7	17	35.3									
	7	18	33.3									
	8	19	36.8									
	9	20	35									
兴佳2号	5	10	40	9	20	35				11	27	40.7
	5	10	40	9	20	35						
	6	15	40									
	7	17	35.3									
	7	18	33.3									
	8	19	36.8									
	9	20	35									
	9	20	35									
纬拉斯	5	10	40							9	20	35
	5	10	40							11	27	40.7
	6	15	40									
	7	17	35.3									
	7	18	33.3									

（续）

品种	轻 0~25			中等 25~50			偏重 50~75			重 75~100		
	代数	总次	重侵染比率/%	代数	总次	重侵染比率/%	代数	总次	重侵染比率/%	代数	总次	重侵染比率/%
纬拉斯	8	19	36.8									
	9	20	35									
	9	20	35									
	9	20	35									
蒙薯19	6	15	40							11	27	40.7
	6	15	40							11	27	40.7
	7	17	35.3									
	7	18	33.3									
	8	19	36.8									
	9	20	35									
	9	20	35									
	9	20	35									
	9	20	35									
蒙薯21	6	15	40							11	27	40.7
	6	15	40									
	7	17	35.3									
	7	18	33.3									
	8	19	36.8									
	9	20	35									
	9	20	35									
	9	20	35									
	9	20	35									
荷兰15	5	19	31.6	7	28	32.1	7	28	32.1	7	27	33.3
	5	20	30				6	24	33.3			

（续）

品种	发生级别											
	轻			中等			偏重			重		
	病情指数											
	0 ~ 25			25 ~ 50			50 ~ 75			75 ~ 100		
	代数	总次	重侵染比率/%	代数	总次	重侵染比率/%	代数	总次	重侵染比率/%	代数	总次	重侵染比率/%
荷兰15	6	24	33.3									
	7	27	33.3									
	4	10	37.5									
	4	12	30									
	5	18	33.3									
冀张薯12	6	24	33.3									
	7	27	33.3									
	7	28	32.1									
后旗红	5	20	30									
	6	24	33.3									
	7	27	33.3									
	7	28	32.1									

中心病株出现后，分别于6月27日、7月14日、7月20日、8月5日、8月18日、8月28日和9月5日统计极重度和重度侵染湿润期的数量，计算极重度和重度侵染湿润期次数之和达到或超过总侵染次数的比率，得到表3-16。未来10 ~ 15d内天气阴雨连绵或多雾、多露时，按照上述统计规律，7月27日，重侵染比率达到50%。8月18日、8月28日和9月5日，侵染代数超过9代，侵染次数超过20次，重侵染比率超过35%。马铃薯晚疫病发生程度与产量损失状况的关系见表3-17。

表3-16　阿荣旗现代农业科技园区预警策略分析表

监测点	时间	侵染代次			不同侵染程度次数				重侵染比率/%	中度以下侵染比率/%
		代	次	分值	轻	中	重	极重		
阿荣旗现代农业科技园区	6月27日	3	5	3	2	1	0	1	25	75
	7月7日	4	7	3	4	1	1	2	37.5	62.5
	7月14日	5	9	3	4	2	1	3	40	60

（续）

监测点	时间	侵染代次			不同侵染程度次数				重侵染比率/%	中度以下侵染比率/%
		代	次	分值	轻	中	重	极重		
阿荣旗现代农业科技园区	7月20日	5	11	3	4	3	2	3	41.7	58.3
	7月27日	6	15	3	4	5	5	4	50	50
	8月5日	8	19	3	5	5	2	5	41.2	58.8
	8月18日	9	20	3	6	6	2	6	40	60
	8月28日	10	21	3	6	7	3	5	38.1	61.9
	9月5日	11	27	3	8	8	4	7	40.7	59.3

表3-17　2011—2018年各地马铃薯晚疫病发生程度与产量损失率试验结果

年度	调查地点	试验名称	调查日期	病情指数	产量损失率/%	品种
2011	阿荣旗音河乡和平村	马铃薯晚疫病产量损失试验	8月26日	100	39.1	鲁引1号
	阿荣旗复兴镇靠山村		8月26日	65	21.3	克新1号
	阿荣旗新发乡大有庄村		8月26日	25	9.7	克新1号
	阿荣旗音河乡和平村		8月26日	70	26.8	鲁引1号
2012	阿荣旗良种场	马铃薯晚疫病产量损失试验	8月8日	100	58.6	鲁引1号
	阿荣旗音河乡和平村		8月21日	100	37.5	克新1号
	阿荣旗查巴乡猎民村		8月28日	75	24	鲁引1号
	阿荣旗复兴镇靠山村		8月28日	25	9.6	克新1号
	阿荣旗新发乡长发村	马铃薯晚疫病虫草害综合危害评估试验	8月20日	50	20.4	克新1号
2012	赤峰市喀喇沁旗	马铃薯病虫草害综合危害评估试验	8月20日	100	37.8	费乌瑞它
2013	阿荣旗良种场	马铃薯病虫草害综合危害评估试验	8月22日	100	39.1	克新1号
2014	阿荣旗良种场	马铃薯病虫草害综合危害评估试验	8月26日	100	32.8	克新1号
2018	阿荣旗新发乡大有庄村	马铃薯晚疫病物联网监测预警和农药减量控害试验	8月16日	100	48	费乌瑞它

（续）

年度	调查地点	试验名称	调查日期	病情指数	产量损失率/%	品种
2018	乌兰察布市察哈尔右翼后旗	马铃薯晚疫病物联网监测预警和农药减量控害试验	8月23日	48.8	24	荷兰15

三、不同化学药剂对马铃薯晚疫病的防效试验

（一）马铃薯晚疫病抗药性平板实验

1.试验材料

测试药剂采用银法利、代森锰锌、抑快净、科佳、烯酰霜脲氰、克露、玛贺、鸽哈、科博。致病疫霉菌株自内蒙古呼和浩特市，呼伦贝尔市大雁镇、阿荣旗，山西大同市、长治市、忻州市采集的样品中分离。

2.试验设计

设置5个浓度处理，每个处理3个重复，设一对照组（不加药）（表3-18）。用7mm内径的打孔器打孔接菌，7d后测量生长直径，计算菌丝生长抑制率：

菌丝生长抑制率＝（对照菌落直径－处理菌落直径）／（对照菌落直径－7）×100%

绘制浓度与菌丝生长抑制率的一次函数关系图。然后寻找EC_{50}（菌丝生长抑制率等于50%时的浓度值）评价致病疫霉是否对药剂产生抗药性。用浓度的对数（log10）和菌丝生长抑制率（通过生物统计概率值换算表换算得到）制作线性回归方程。

表3-18　浓度设置

成品药名	浓度梯度设置/（μL/L）	稀释液配置方案
银法利（液）	0.05、0.25、1.25、6.25、31.25	每400μL药剂稀释成40mL的稀释液（100倍液）（50mL/管），每瓶（250mL）加稀释液量：一浓度1.27μL，二浓度6.3μL，三浓度31.3μL，四浓度156.3μL，五浓度781.3μL
代森锰锌（固）	0.08、0.4、2、10、50	每0.2g药剂稀释成20mL的稀释液（100倍液）（50mL/管），每瓶（250mL）加稀释液量：一浓度2μL，二浓度10μL，三浓度50μL，四浓度250μL，五浓度1 250μL
抑快净（固）	0.028、0.14、0.7、3.5、17.5	每0.04g药剂稀释成40mL的稀释液（1 000倍液），每瓶（250mL）加稀释液量：一浓度7μL，二浓度35μL，三浓度175μL，四浓度875μL，五浓度4 375μL
科佳（液）	0.036、0.18、0.9、4.5、22.5	每45μL药剂稀释成45mL的稀释液（1 000倍液），每瓶（250mL）加稀释液量：一浓度9μL，二浓度45μL，三浓度225μL，四浓度1 125μL，五浓度5 625μL
烯酰·霜脲氰（液）	0.032、0.16、0.8、4、20	每40μL药剂稀释成40mL的稀释液（1 000倍液），每瓶（250mL）加稀释液量：一浓度8μL，二浓度40μL，三浓度200μL，四浓度1 000μL，五浓度5 000μL

（续）

成品药名	浓度梯度设置／（μL/L）	稀释液配置方案
克露（固）	0.08、0.4、2、10、50	每0.15g药剂稀释成15mL的稀释液（100倍液）（50mL/管），每瓶（250mL）加稀释液量：一浓度2μL，二浓度10μL，三浓度50μL，四浓度250μL，五浓度1 250μL
玛贺（液）	0.04、0.2、1、5、25	每50μL药剂稀释成50mL的稀释液（1 000倍液），每瓶（250mL）加稀释液量：一浓度10μL，二浓度50μL，三浓度250μL，四浓度1 250μL，五浓度6 250μL
鸽哈（液）	0.052、0.26、1.3、6.5、32.5	每100μL药剂稀释成10mL的稀释液（100倍液）（250mL）加稀释液量：一浓度1.3μL，二浓度6.5μL，三浓度32.5μL，四浓度162.5μL，五浓度812.5μL
科博（固）	0.09、0.45、2.25、11.25、56.25	每0.15g药剂稀释成15mL的稀释液（100倍液），每瓶（250mL）加稀释液量：一浓度2.3μL，二浓度11.3μL，三浓度56.3μL，四浓度281.3μL，五浓度1 406.3μL

注：每种药需要6（5个浓度与1个对照）×6（每个浓度需要的培养基瓶数）=36瓶培养基，每6瓶加1个梯度的药，剩下6瓶作为对照，不加药。

3.结果与分析

由表3-19和图3-4可知，代森锰锌、抑快净、克露、鸽哈4种药剂已经产生了较强的抗药性，建议停止使用。

科佳在12个地区抑制马铃薯晚疫病效果较好，防效在87%以上，大同市左云县6队、金家沟和忻州市宁武县管涔山地区可以适当加大施药量。建议继续使用。

科博除了阿荣旗试验田、阿荣旗机场北老乡地和呼伦贝尔大雁的致病疫霉对科博抗性较小之外，其他地区都产生了中等或较高抗性，建议上述3个地区继续使用，可适当加大施药量。其他地区停用。

银法利除了山西省忻州市静乐县王村乡善应村采集的致病疫霉产生了中等抗药性之外，其他地区的都产生较高抗药性，建议停止使用。

12个地区的致病疫霉对烯酰·霜脲氰都产生了中等抗药性，建议停止使用。

12个地区的致病疫霉对克露都产生了中等抗药性，建议停止使用。

表3-19 推荐浓度下9种药剂对晚疫病的抗性统计

	个数／个			比例／%		
	抵抗/敏感	中抗	高抗	敏感	中抗	高抗
代森锰锌	0	0	12	0	0	100
银法利	0	1	11	0	8	92
抑快净	0	0	12	0	0	100
科佳	12	0	0	100	0	0
烯酰·霜脲氰	0	12	0	0	100	0

（续）

	个数/个			比例/%		
	抵抗/敏感	中抗	高抗	敏感	中抗	高抗
克露	0	0	12	0	0	100
玛贺	0	8	4	0	67	33
鸽哈	0	0	12	0	0	100
科博	3	8	1	25	67	8

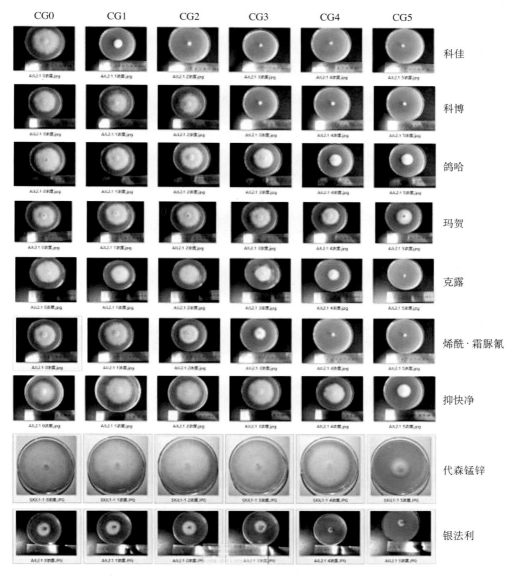

图3-4　各处理平板效果图

（二）马铃薯晚疫病田间防效试验

1.试验一

（1）试验设计

2010—2012年试验为多年多点小区药效比较试验，每年分别在阿荣旗复兴镇大兴村、扎兰屯市卧牛河镇红旗村、牙克石市免渡河镇大地农场和锡林郭勒盟多伦县4地同时进行，选择土壤肥力均匀、地势平坦、两年以上轮作地。试验设20个药剂处理，每个处理3次重复。随机区组设计，4行区，小区面积24m²。播种日期以每年当地适播期为准，田间管理与大田生产一致。发现中心病株开始第1次喷药，随后每隔7d喷施1次，共施药3次。各处理浓度按市售药品使用说明进行配比，采用人工手动背负式喷雾器对植株茎叶进行均匀喷雾，以叶片有轻微水滴为准。最后一次喷药后7d调查发病级别，计算病情指数和相对防效。

2013年、2014年试验都在阿荣旗复兴镇靠山村进行，该地属于易感病区域。该地块土壤为暗棕壤，地势平坦，肥力均匀，前茬大豆。分别设58%甲霜·锰锌可湿性粉剂、68%丙森·甲霜灵可湿性粉剂、30%甲霜灵·嘧菌酯悬浮剂、100g/L氟噻唑吡乙酮可分散油悬浮剂4种药剂防治马铃薯晚疫病对比试验；以及20%氟吗啉·氟啶胺悬浮剂田间筛选试验，确定该药剂的防治效果、最佳使用剂量及施药时间。供试品种为克新1号，每个处理4次重复，随机区组排列。田间管理与大田生产一致。发现中心病株开始第1次喷药，随后每隔7d喷施1次，共施药3次，对照喷施清水。采用人工手动背负式喷雾器对植株茎叶进行均匀喷雾，以叶片有轻微水滴为准。末次喷药后10d调查发病级别，计算病情指数和相对防效。试验前及试验期间不进行其他化学防治。

（2）试验方法

①病情指数和相对防效。试验采取对角线5点式取样法，每点调查2株全部叶片，调查叶片病级，计算病情指数和相对防效。

马铃薯晚疫病病情分级标准：

0级：无病斑。

1级：病斑面积占整个叶面积5%以下。

3级：病斑面积占整个叶面积6%～10%。

5级：病斑面积占整个叶面积11%～20%。

7级：病斑面积占整个叶面积21%～50%。

9级：病斑面积占整个叶面积50%以上。

计算公式：

病情指数（%）=∑（各级病叶数×相对应级数）/（9×调查总叶数）×100

相对防效（%）=（对照区病情指数－处理区病情指数）/对照区病情指数×100

②测产方法。用小区产量折算亩产。公式如下：

亩产量（kg）=666.7×收获产量/测产面积

测产面积单位为m²。

（3）结果与分析

2010—2012年，连续3年在三地同时进行19种不同药剂防治马铃薯晚疫病实验，结果表明，60%烯酰嘧菌酯、福帅得（50%氟啶胺）、53%烯酰吗啉·代森联水分散粒剂、200g/L

吲唑磺菌胺相对防效最好，分别为92.47%、92.35%、91.87%、90.76%；50%嘧菌酯水分散粒剂、银法利、阿米西达（25%嘧菌酯）、瑞凡（23.4%双炔酰菌胺）、科佳、46%三苯乙酸锡相对防效较好，分别为89.54%、88.69%、87.47%、84.86%、84.22%、82.15%。调查不同试验地、不同药剂处理马铃薯地下块茎感病率可知，马铃薯块茎发病率与各药剂处理防治效果之间呈显著负相关。防效高的处理，薯块的发病率低（60%烯酰嘧菌酯处理后的马铃薯感病率为0），与对照比较差异显著（对照马铃薯感病率为46.1%）。从测产结果来看，马铃薯产量与药剂防效之间存在显著正相关关系，防效越高，产量越高。所有药剂处理产量均高于对照，各处理对马铃薯产量的影响均有促进作用。

2013年阿荣旗4种不同药剂（58%甲霜·锰锌可湿性粉剂、68%丙森·甲霜灵可湿性粉剂、30%甲霜灵·嘧菌酯悬浮剂、100g/L氟噻唑吡乙酮可分散油悬浮剂）防治实验结果如下：

4种供试药剂防治效果都明显好于对照，对马铃薯晚疫病均有防治效果。其中，100g/L氟噻唑吡乙酮可分散油悬浮剂防效最好为96.88%，其次是30%甲霜灵·嘧菌酯悬浮剂和58%甲霜·锰锌可湿性粉剂，防治效果分别为78.60%、72.91%，68%丙森·甲霜灵可湿性粉剂有一定防效，但防治效果相对较低。测产结果表明，药剂处理区产量明显高于清水对照区产量，增产21%以上。产量最高的是100g/L氟噻唑吡乙酮可分散油悬浮剂处理区，比对照增产31.99%。

2014年阿荣旗20%氟吗啉·氟啶胺悬浮剂防治实验结果如下：

相对于20%氟吗啉可湿性粉剂60g/亩和500g/L氟啶胺悬浮剂36g/亩的防治效果而言，20%氟吗啉·氟啶胺悬浮剂用量为120g/亩的防治效果最好，平均防效为60.8%。

产量分析结果表明：20%氟吗啉·氟啶胺悬浮剂120g/亩的产量较对照增产44.2%，显著高于20%氟吗啉可湿性粉剂60 g/亩和500g/L氟啶胺悬浮剂36 g/亩的亩产。在马铃薯晚疫病发病初期，用20%氟吗啉·氟啶胺悬浮剂120g/亩，有较好的防治和抑制作用，防效和增产效果显著。

2012—2014年锡林郭勒盟多伦县防治实验结果如下：

田间试验结果表明，由深圳诺普信农化股份有限公司生产的80%代森锰锌可湿性粉剂可以在马铃薯田中推广使用，在田间即将发病或在田间出现病斑时及时进行茎叶喷雾。使用剂量为制剂量（150～180 mL/亩），有效成分量为120～144 g a.i./亩，每亩兑水50 L。每7d施用1次，共施用2次，防效可在70%以上。由山东省联合农药工业有限公司生产的40%氟醚菌酰胺·烯酰吗啉悬浮剂可以在马铃薯田中推广使用，在田间即将发病或田间出现病斑时及时进行茎叶喷雾。建议使用剂量为制剂量（35～40 mL/亩），有效成分量为14～16 g a.i./亩，每亩兑水50L。每7d施用1次，共施用2次，防效可以达到75%。

2.试验二

（1）材料与方法

①试验地概况。试验在内蒙古自治区呼伦贝尔市阿荣旗音河乡维古奇村进行，试验地地势平坦，马铃薯长势均匀，土壤肥力、栽培及施肥管理水平一致。试验地土壤为暗棕壤，前茬为马铃薯，无灌溉条件。

②供试材料。供试马铃薯品种为希森6号，供试药剂为687.5g/L氟菌·霜霉威悬浮剂，由拜耳作物科学（中国）有限公司生产；23.4%双炔酰菌胺悬浮剂，由先正达（中国）投资有限公司生产；47%烯酰·唑嘧菌悬浮剂，由巴斯夫（中国）有限公司生产；250g/L吡唑醚

菌酯悬浮剂，由山东康乔生物科技有限公司生产。

（2）试验设计

试验设5个处理，分别为687.5g/L氟菌·霜霉威悬浮剂1 500mL/hm²（A）、23.4%双炔酰菌胺悬浮剂600mL/hm²（B）、47%烯酰·唑嘧菌悬浮剂900mL/hm²（C）、250g/L嘧菌酯悬浮剂900 mL/hm²（D）、清水对照（CK）。设3次重复，共15个小区，随机区组排列，小区面积约为1 334m²。

于2019年5月19日播种，行距80cm，株距18cm。苗后使用23.2%砜·喹·嗪草酮1 050mL/hm²进行茎叶除草。施用马铃薯专用肥300kg/hm²，叶面追施尿素498g/hm²。

试验共施药4次，分别于2019年7月13日、7月23日、8月1日、8月11日施药，第1次施药时马铃薯为花期，未发生马铃薯晚疫病。采用全丰自由鹰1S电动多旋翼植保无人机（安阳全丰航空植保科技股份有限公司生产）喷施药剂，施药时飞行高度1.5～2.0m，飞行速度3.0～5.0m/s，喷幅4m，喷施药液量22.5L/hm²。

（3）试验方法

①防效调查。末次施药后10d调查防治效果。每小区对角线5点取样，每点取3株，查看全部叶片，记录调查总叶数、各级病叶数，计算防效。试验期间观察药剂对作物有无药害，记录药害的类型和程度，准确描述作物的药害症状（矮化、褪绿、畸形等）。

②马铃薯产量调查。于2019年9月4日进行试验田测产。每个处理采取5点取样，每个点1m²，共取5m²测产，折算成公顷产量。

（4）结果与分析

由表3-20可以看出，第4次药后10d，CK病情指数为100，处理A、B、C、D病情指数分别为3.52、3.57、3.70、14.41；除处理D的防效为85.59%外，其余3个药剂处理的防治效果均在95%以上。处理A防治效果为96.48%，处理B防治效果为96.43%，处理C防治效果为96.30%，3种药剂的防治效果差异不明显。

表3-20　不同处理对马铃薯晚疫病的防效及马铃薯产量

处理	病情指数	防效/%	产量/（kg/hm²）	增产率/%
A	3.52	96.48	42 750.0	51.6
B	3.57	96.43	42 885.0	52.1
C	3.70	96.30	42 990.0	52.4
D	14.41	85.59	39 262.5	39.2
CK	100.00		28 200.0	

测产时，CK产量为28 200.0kg/hm²，处理A、B、C、D产量在39 262.5～42 990.0kg/hm²，与CK相比，增产率为39.2%～52.4%，均增产明显。4次施药对马铃薯晚疫病起到了良好的防治效果，且明显提高了马铃薯产量。

（5）结论与讨论

试验结果表明，第4次施药10d后，4种药剂对马铃薯晚疫病的防效均在85%以上，达到了良好的防治效果；同时，整个试验过程中马铃薯植株未出现药害现象。由此说明，供试的4种药剂均可在马铃薯晚疫病防治中推广应用。在7月中旬开始喷施预防药剂，当7月降雨量超过100mm时，喷施3次药剂防治即可；当降雨量超过200mm时，需要喷施4次药剂防治，才能到达效果，同时要避免在雨天喷施药剂。

四、丁子香酚防治马铃薯晚疫病试验示范

1.材料与方法

（1）试验时间与地点

2020年马铃薯种植期间，在察哈尔右翼前旗三岔口乡宏展种养专业合作社、四子王旗大黑河乡四十顷地村中加农业生物科技有限公司进行丁子香酚防治马铃薯晚疫病试验示范。

（2）供试作物

供试作物为马铃薯。察哈尔右翼前旗宏展种养专业合作社试验示范面积50亩，品种为华颂7号。四子王旗大黑河乡四十顷地村中加农业生物科技有限公司试验示范面积60亩，品种为中加2号。

2.试验设计

结合马铃薯晚疫病监测预警系统显示及实际生产条件，按照马铃薯晚疫病预警系统监测结果及天气情况，察哈尔右翼前旗宏展种养专业合作社试验示范地在整个马铃薯生育期全程喷施0.3%丁子香酚防治马铃薯晚疫病3次；四子王旗大黑河乡四十顷地村中加农业生物科技有限公司试验示范地在整个马铃薯生育期全程总共用药8次。在马铃薯晚疫病预警系统指导下，用丁子香酚防治马铃薯晚疫病3次。其余5次预防早疫病、病毒病、炭疽病等。

3.结果与分析

经调查，察哈尔右翼前旗宏展种养专业合作社试验示范地防治效果在90%以上（表3-21），亩产3.5t左右。四子王旗大黑河乡四十顷地村中加农业生物科技有限公司试验示范地的试验示范地块未发生马铃薯晚疫病，亩产4.5t左右。

在本试验条件下，0.3%丁子香酚未发现对马铃薯生长发育及产品的外观和品质等有任何不良影响，安全性较好（图3-5）；施用丁子香酚后对马铃薯晚疫病的防治及马铃薯产量的增加均有一定的作用，可作为替代常规或老牌化学杀菌剂的优选品种进行大面积示范推广。

表3-21 丁子香酚对马铃薯晚疫病防效的影响

处理	平均病情指数	平均防效	差异显著性	
			5%	1%
丁子香酚	0.8	98.2	b	b
对照药剂	4.9	88.9	b	b
空白对照	44.3		a	a

图3-5　丁子香酚对马铃薯晚疫病防效的田间表型

五、马铃薯晚疫病的综合防治技术研究

1.材料与方法

材料选用马铃薯，脱毒种薯为费乌瑞它、克新1号和夏波蒂；农户自留种为费乌瑞它、克新1号和夏波蒂。致病疫霉菌株为07-J-4.1。所用药剂为保护剂和治疗剂，保护剂选用安泰生（70% 丙森锌）、易保（68.75%恶唑菌酮+代森锰锌）、瑞凡（25% 双炔酰菌胺）；治疗剂选用银法利（62.5%氟吡菌胺+6.25%霜霉威）、抑快净（22.5%恶唑菌酮+30%霜脲氰）、金雷（4%甲霜灵+64%代森锰锌）。

2.试验设计

试验种植面积为8.7亩。采用裂区设计，设置7个处理（6个药剂和1个对照），详情见表3-22。重复3次即3个区组，共126个处理小区（8.75m×1.8m）。3个重复区组间各有4行间隔行，每个重复区组内有3行接种行。每小区两行马铃薯植株，行距90cm；每行30株，株距25cm。

表3-22　试验处理方案

处理	药剂	性质	剂量/亩（次）	次数
T1	银法利	治疗剂	75mL/亩	发病后连续3次
T2	抑快净	治疗剂	50g/亩	发病后连续3次
T3	金雷	治疗剂	150g/亩	发病后连续3次
T4	安泰生	保护剂	100g/亩	接种前1次
	银法利	治疗剂	75mL/亩	发病后连续3次
T5	易保	保护剂	120g/亩	接种前1次
	抑快净	治疗剂	50g/亩	发病后连续3次
T6	瑞凡	保护剂	40mL/亩	接种前1次
	金雷	治疗剂	150g/亩	发病后连续3次

（续）

处理	药剂	性质	剂量/亩（次）	次数
T7	对照		喷施等量清水	

3.试验方法

（1）田间接种

出苗后6周接菌，先在实验室制备游动孢子悬浮液，并将悬浮液浓度调至（3×10^4）个游动孢子囊/mL。温度为4℃时，经2h释放孢子。傍晚，对各区组的植株进行接种，用喷雾器将悬浮液喷洒于植株叶片，每株约20mL。

（2）药剂防治

喷施保护剂的处理小区于接种前5d喷施1次保护剂安泰生，发病后各药剂按处理方案连续喷施3次，每次间隔均为7d。

（3）发病情况调查

初见病状后进行第1次调查（调查完喷施治疗性杀菌剂），喷施治疗性杀菌剂后7d进行第2～4次调查。每次调查各处理小区植株全部植株马铃薯茎叶的病害感染百分率。用AUDPC统计各处理小区的病害发展情况。

AUDPC计算公式如下：

$$AUDPC = \sum_{i=1}^{n-1} \left[(X_{i+1} + X_i)/2 \right] (T_{i+1} - T_i)$$

其中X_i是第i次调查时植株茎叶病害感染的百分率，T_i是第i次调查病害的时间，n是调查的次数，AUDPC的单位是%·d。

试验地块早疫病发病较严重，同时调查了马铃薯茎叶早疫病的发病情况。

（4）收获测产

调查各处理小区（共126个）的产量、商品薯率及块茎染病率及其他田间病害的发病情况，并处理掉感病马铃薯块茎。

（5）统计分析

采用三因素裂区分析。

4.结果与分析

试验田田间发病情况见图3-6。

图3-6　试验田发病两周后田间照片

如图3-7所示，脱毒种薯产量高且与农户自留种差异显著（$P<0.01$），优质脱毒种薯比农户自留种平均单株产量高46.6%，且自留种的病害发展程度高于脱毒种薯，严重程度也高于脱毒种薯（图3-8）。

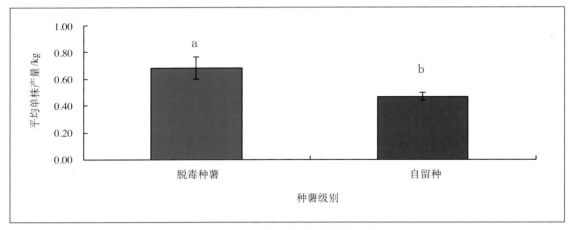

图3-7　不同种薯级别平均单株产量分析

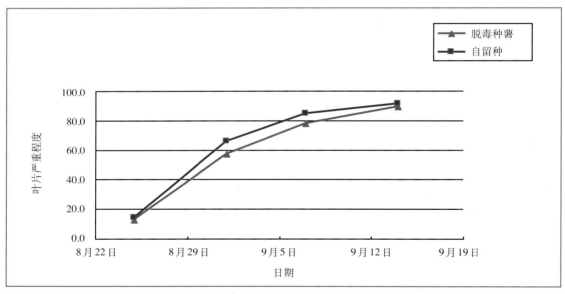

图3-8　2009年不同种薯级别植株病害发展图

由图3-9、图3-10可以看出，喷施有保护剂的处理T5、T4和T6的平均单株产量分别比未应用保护剂的处理T2、T1和T3高27.7%、17.8%和7.1%。3种治疗性杀菌剂防治效果显著（$P<0.05$），T1、T2和T3处理的平均单株产量分别比对照高18.6%、15.5%和21.2%，3种治疗剂间差异不显著。保护剂和治疗剂联合使用下，T5和T4的防治效果比T6的防治效果好，且差异显著（$P<0.05$）；3种处理与对照间差异显著（$P<0.01$），平均单株产量分别比对照高47.5%、39.7%和29.8%（图3-11）。

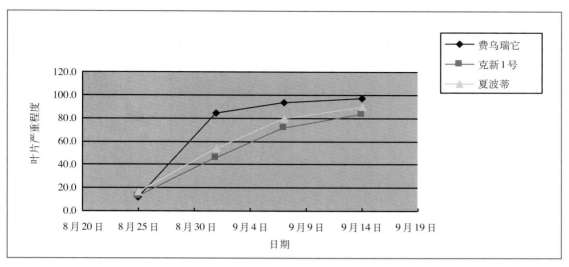

图 3-9　2009 年不同品种植株病害发展图

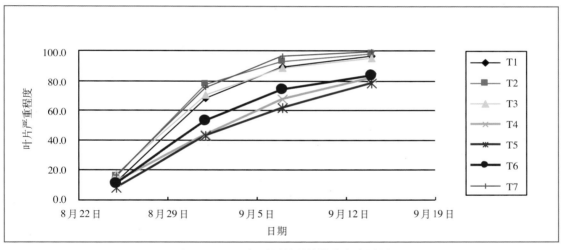

图 3-10　2009 年不同处理植株病害发展图

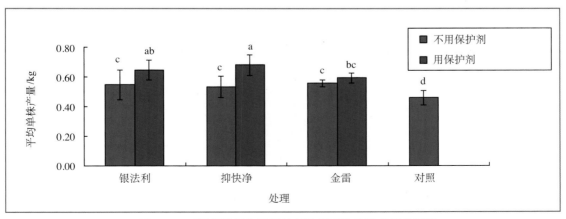

图 3-11　不用保护剂和用保护剂处理平均单株产量分析图

不同品种间产量方差分析比较，3个品种间差异显著（$P<0.01$），克新1号产量最高，费乌瑞它产量最低，克新1号比夏波蒂和费乌瑞它的单产分别高15.5%和30.3%。品种为费乌瑞它时，T4的产量最高，其次是T5，产量差异不显著；品种为夏波蒂时，T5、T6和T4的产量最高，差异不显著；品种为克新1号时，T5处理产量最高，与其他药剂处理及对照间的差异显著（$P<0.01$）；

每亩成本、增加效益和投产比都是T5最高，T4次之，T6成本最低。所以应根据实际情况，选择合适的药剂处理方案。

六、内蒙古马铃薯晚疫病农药减量控害试验

（一）产量损失和农药减量控害试验

1.试验地点及材料

乌兰察布市乌兰哈达苏木后明村试验区的种植模式为膜下滴灌，品种为荷兰15。呼伦贝尔市阿荣旗新发乡大有庄村试验区的品种为费乌瑞它。

2.试验处理

设A、B、C、D 4个处理。A：专业化综防区（专防区）。根据病情发生情况，按照防治指标和防治规程，在专业技术人员指导下，适时进行科学的综合防治，栽培管理正常进行；根据病害发生实际情况用药。B：种植大户传统防治区。试验区附近有一定规模的种植大户，全生产季节按照公司规程全程防控马铃薯晚疫病。C：农民自防区（自防区）。按照大面积病虫测报和防治的要求，在没有任何专业人员指导下，由当地群众自行防治，栽培管理正常进行。D：非防区。非防区田间不进行任何防治，病害自然发生。栽培管理正常进行。

3.试验方法

（1）病害发生调查

主要调查马铃薯晚疫病。病情指数调查于第1次用药前夕进行；中期调查在每次施药前夕调查；最后调查在收获前进行，每个处理采用Z形7点取样法调查，每点调查20株，记载统计普遍率、严重度和病情指数。调查结果记入表3-23、表3-24。

表3-23 察哈尔右翼后旗马铃薯病害发生和用药情况汇总表

调查日期	处理区	病株率/%	病叶率/%	病情指数	发生级别	用药品种	亩用量	防效/%
7月15日		0	0	0	0			
7月22日		0		0		克露	120g	
7月29日	专防区	2.8		2.8	1	大生	50g	39
8月6日		5.7		3	1	银法利	70mL	74
8月13日		9.3		4.8	1			85
8月23日		11.4		5.5	1			

（续）

调查日期	处理区	病株率/%	病叶率/%	病情指数	发生级别	用药品种	亩用量	防效/%
7月15日	传统防治区	0	0	0	0	克露	120g	
7月22日		0	0	0	0	安泰生	120g	
7月29日		2.8		2.8	1	克露＋世高	120g+40g	39
8月6日		5		3.2	1～2	阿密西达	40g	72
8月13日		10.7		5.1	1～2	银法利＋世高	70g+40g	82
8月23日		12.8		5.6	1～2			88
7月15日	自防区	0	0	0	0		0	0
7月22日		0	0	0	0		0	0
7月29日		5		3.6	1～2			0
8月6日		15		10.2	1～3	克露	120g	
8月13日		21.4		14.3	2～3	阿密西达	40g	50
8月23日		24.3		16.5	2～3			66
7月15日	非防区	0	0	0	0		0	0
7月22日		0	0	0	0		0	0
7月29日		6.4		4.6	1～2			
8月6日		15		11.4	1～3			
8月13日		25		28.8	2～4			
8月23日		37		48.8	2～4			

表3-24　阿荣旗马铃薯病害发生和用药情况汇总表

调查日期	处理区	病株率/%	病叶率/%	病情指数	发生级别	用药品种	亩用量/g	防效/%
6月25日	专防区	0	0	0	0	代森锰锌	100	
7月6日		0	0	0	0	吡唑醚菌酯	30	
7月13日		0	0	0	0	银法利	60	
7月20日		0	0	0	0	银法利	60	
7月26日		0	0	0	0			
8月3日		0	0	0	0			
8月10日		0	0	0	0			

（续）

调查日期	处理区	病株率/%	病叶率/%	病情指数	发生级别	用药品种	亩用量/g	防效/%
8月16日	专防区	10	8	2.5	1			97.5
6月20日		0	0	0	0	代森锰锌	100	
6月27日		0	0	0	0	可杀得三千	100	
7月6日		0	0	0	0	瑞凡	100	
7月13日		0	0	0	0	抑快净	100	
7月20日	传统防治区	0	0	0	0	银法利	100	
8月23日		0	0	0	0	科佳	100	
7月25日		0	0	0	0	拿敌稳	100	
8月3日		0	0	0	0			
8月10日		0	0	0	0			
8月16日		10	10	2.5	1			97.5
7月13日		0	0	0	0			
7月18日		0	0	0	0			
7月22日	自防区	0	0	0	0	烯酰·咪鲜胺	60	
7月29日		20	10	5	1	烯酰·咪鲜胺	60	
8月9日		50	25	12.5	1	烯酰·咪鲜胺	60	
8月16日		100	75	75	3			25
7月11日		1	1	0.25	1			
7月18日		3	1	0.75	1			
7月26日	非防区	5	1	1.25	1			
8月3日		20	10	5	5			
8月10日		60	28	30	2			
8月16日		100	95	100	4			

（2）防治效果调查

在最后施药后7d对各处理区进行调查，分别对比分析处理区的防治效果。

$$单病害防治效果（\%）=\frac{非防区病情指数-处理区病情指数}{非防区病情指数}\times100$$

（3）测定产量

在每处理中间3行（每行3m）取样称重测产，折合成亩产。数据记入表3-25、表3-26。

表3-25　马铃薯晚疫病不同防治方式测产表

旗（县）	调查项目		处理区							
		专防区		传统防治区		自防区		非防区	
		株数/株	产量/kg	株数/株	产量/kg	株数/株	产量/kg	株数/株	产量/kg
察哈尔右翼后旗	选3点	重复1	15	11.2	15	11.5	15	10.4	15	8.7
		重复2	15	10.3	15	10.7	15	8.9	15	8.4
		重复3	15	10.9	15	10.8	15	8.3	15	7.5
		平均值	15	10.8	15	11	15	9.2	15	8.2
		亩产量/kg		2 087		2 126		1 778		1 585
阿荣旗	选3点	重复1	15	8.5	15	8.3	15	6.6	15	4.4
		重复2	15	7.9	15	6.4	15	7.3	15	5.3
		重复3	15	9.2	15	7.3	15	5.9	15	3.6
		平均值	15	8.5	15	7.3	15	6.6	15	4.4
		亩产量/kg		2 106.9		1 810.6		1 629.5		1 094.6

注：亩产=666.7m² ÷（3m×垄距）×测量点产量。

表3-26　不同防治方式测产计算表

旗（县）	处理区	亩株数/株	亩产量/kg	增产量/kg	增产率/%
察哈尔右翼后旗	专防区	2 898	2 087	502	31.67
	传统防治区	2 898	2 126	541	34.13
	自防区	2 898	1 778	193	12.18
	非防区	2 898	1 585		
阿荣旗	专防区	3 000	2 106.9	1 012.3	92.48
	传统防治区	3 000	1 810.6	716	65.41
	自防区	3 000	1 629.5	534.9	48.87
	非防区	3 000	1 094.6		

4. 产量和经济效益分析

对各处理区进行产量和经济效益分析，结果见表3-27。

表3-27　不同处理经济效益

旗（县）	处理	亩产量/kg	亩增产量/kg	亩用药成本/元	亩用工成本/元	亩防治成本合计/元	亩增收/元
察哈尔右翼后旗	专防区	2 087	502	41.6	24	65.6	486.6
	传统防治区	2 126	541	94	40	134	461.1
	自防区	1 778	193	30.4	16	46.4	165.9
	非防区	1 585					
阿荣旗	专防区	2 106.9	1 012.3	78	20	98	711.84
	传统防治区	1 810.6	716	129	35	164	408.8
	自防区	1 629.5	534.9	30	15	45	382.92
	非防区	1 094.6					

注：察哈尔右翼后旗马铃薯每千克按1.1元计算，阿荣旗马铃薯价格按每千克0.8元计算。

察哈尔右翼后旗：专防区亩产2 087kg，传统防治区亩产2 126kg，自防区亩产1 778kg，非防区亩产1 585kg。专防区较非防区亩增产502kg，扣除亩增加防治成本65.6元，亩增纯收益486.6元；传统防治区较非防区亩增产541kg，扣除亩增加防治成本134元，亩增纯收益461.1元；自防区较非防区亩增产193kg，扣除亩增加防治成本46.4元，亩增纯收益165.9元。

阿荣旗：专防区产量为2 106.9kg/亩，较非防区亩增产1 012.3kg，扣除防治成本98元/亩，每亩增纯收益711.8元；传统防治区产量为1 810.6kg/亩，较非防区亩增产716kg，扣除防治成本164元/亩，每亩增纯收益408.8元；自防区产量为1 629.5kg/亩，较非防区亩增产534.9kg，扣除防治成本45元/亩，每亩增纯收益382.9元；非防区产量为1 094.6kg/亩。

（二）倍倍加喷雾助剂对马铃薯晚疫病减药增效试验

1.试验材料

栽培品种选用布尔班克（感病品种），生育期115d。试验于2018年在阿荣旗新发乡大有庄村（123°34′13″E，48°4′37″N）进行。试验地土壤为暗棕壤，地势平坦，肥力均匀，有机质含量为2.3%，pH为6.4，速效钾188.5mg/kg，速磷41.2mg/kg，水解氮301.5mg/kg，前茬为玉米，无灌溉条件。肥料选用马铃薯专用肥20kg/亩。于4月28日播种，行距0.9m，株距0.18m。各处理区栽培品种、水肥管理及其他管理措施一致。倍倍加喷雾助剂由桂林集琦生化有限公司提供。防治药剂吡唑醚菌酯、银法利于当地购买。

2.试验设计

大区示范试验设置4个处理（表3-28），1次重复，每个处理小区面积为1亩（8垄×0.9m×92.6m）。

表3-28　供试药剂浓度与施药方法设计

编号	处理	亩用药量	亩喷液量
1	当地常规用药	吡唑醚菌酯30mL或银法利60mL	常规喷液量
2	当地常规用药+倍倍加	吡唑醚菌酯30mL或银法利60mL+20mL倍倍加	常规喷液量
3	当地常规用药80%+倍倍加	吡唑醚菌酯24mL或银法利48mL+20mL倍倍加	常规喷液量
4	空白对照	清水	

　　在马铃薯开花初期（7月13日）、开花盛期（7月20日）和块茎膨大期（7月27日）等时期进行叶面喷施，采用背负式电动喷雾器，扇形喷嘴，流量为0.9L/min，亩喷药液量为30kg，间隔7d喷1次，整个生育时期用药3次。

　　3.试验方法

　　（1）气象调查

　　试验期间具体气象资料见表3-29、表3-30。

表3-29　施药当日试验地天气状况

施药日期	天气状况	风力/(m/s)	平均温度/℃	最高温度/℃	最低温度/℃	相对湿度/%	降水情况	其他气象因素
7月13日	晴	1.3	24	29	17.7	67.9	0.7	
7月20日	晴	0.7	25.1	29.7	21.2	87.3	0	
7月27日	晴	1.1	23.8	30.2	16.3	79.2	0	

表3-30　试验期间气象资料

日期	平均温度/℃	最高温度/℃	最低温度/℃	相对湿度/%	降水量/mm
7月上旬	22	32.2	17	83.6	199
7月中旬	24.4	34	16.7	81.3	23.4
7月下旬	24	35.1	16.9	83	25.6
8月上旬	21.7	29.1	13.9	77.9	121.2
8月中旬	20.1	29.1	12.2	76.7	21.6

　　（2）安全性调查

　　于第1次药后7d开始至最后一次药后7d，每隔7d调查1次，共调查3次，各试验小区马铃薯植株生长正常，没有药害。

（3）药效调查

调查时间和次数：于每次施药前至末次药后7d，每7d评价1次马铃薯晚疫病发生的严重程度，重点关注每次用药前和末次药后7d。

（4）病情指数调查

病害严重度调查：第2次施药后7d调查。整体目测病害严重度，评价通过0～100%表示，即受侵染的叶面积占总面积的百分比。病情指数调查：按对角线5点取样法取样，每小区取5点，每点调查10株。并根据4级标准分级，计算病情指数和相对防效。

病情分级标准：以每株发病叶片占全株总叶片数的比例为标准分级。

0级：无病斑。

1级：病叶占全株总叶片数的1/4以下。

2级：病叶占全株总叶片数的1/4～1/2。

3级：病叶占全株总叶片数的1/2～3/4。

4级：全株叶片几乎都有病斑，大部分叶片枯死，甚至茎部也枯死。

（5）药效计算方法

$$病情指数（\%）=\frac{\sum 调查叶片数 \times 病叶级数}{调查叶片数 \times 最高级数} \times 100$$

$$防治效果（\%）=\frac{空白对照区病情指数 - 处理区病情指数}{空白对照区病情指数} \times 100$$

（6）马铃薯晚疫病防效调查

药前、末次施药后的病叶调查结果见表3-31、表3-32。

表3-31　药前各级病叶基数调查结果

处理	药前各级病叶基数调查结果						
	总叶数	0级	1级	2级	3级	4级	病情指数
1	472	472					
2	465	465					
3	473	473					
4	462	462					

表3-32　末次施药后防效调查结果

处理	末次施药后7d各级病叶调查结果							防效/%
	总叶数	0级	1级	2级	3级	4级	病情指数	
1	523	312	106	105			15.1	75.2
2	521	336	102	83			12.9	78.8
3	530	333	96	101			14.1	76.8
4	528	15	61	175	235	42	60.8	

（7）马铃薯产量调查

选取小区中间行25m²面积测产，换算成kg/hm²（表3-33）。

表3-33　马铃薯产量调查表

处理	亩产/kg	产量/（kg/hm²）	增产率/%
1	1 992	29 880	38.8
2	2 016	30 240	40.5
3	2 009.5	30 142.5	40
4	1 435	21 525	

4.结果与分析

通过试验，倍倍加喷雾助剂对药剂防治马铃薯晚疫病减量增效作用明显，其中，杀菌剂常规用量的防效为75.2%，比空白对照增产38.8%；杀菌剂按常规用量加倍倍加喷雾助剂20mL/亩的防效为78.8%，比空白对照增产40.5%；杀菌剂按常规用量的80%施用，并添加倍倍加喷雾助剂20mL/亩的防效为76.8%，比空白对照增产40%。杀菌剂按常规用量或减量20%加倍倍加喷雾助剂防治马铃薯晚疫病效果明显，对马铃薯增产作用显著，对马铃薯植株安全无药害，建议大面积推广应用。

七、马铃薯晚疫病综合防治技术集成示范

在呼和浩特市开展了50亩内蒙古地区马铃薯晚疫病综合防治技术示范，使用费乌瑞它合格种薯，种植密度3 300株/亩，大垄单行，全程机械化种植，具有喷灌条件，高培土垄高30cm。用2.5%甲基托布津+2.5%代森锰锌+95%滑石粉处理种薯，沟施阿米西达40mL/亩。结合CARAH模型及实际生产条件，在株高25 ~ 30cm时开始喷施杀菌剂，共喷施7次，分别为大生150g/亩、科佳50mL/亩、大生150g/亩、银法利50mL/亩、科佳50mL/亩、银法利50mL/亩、科佳50mL/亩。对照田根据经验，发现病株后开始喷施，共喷施了3次当地常规药剂。9月2日调查显示，对照田发病率为90%，造成植株早枯，亩产2 365kg；示范田发病率为零，平均亩产3 010kg，较对照增产27.27%，防效100%（图3-12）。

在呼伦贝尔市大雁镇开展了100亩内蒙古地区马铃薯晚疫病综合防治技术示范，使用费乌瑞它合格种薯。用2.5%甲基托布津+2.5%代森锰锌+95%滑石粉处理种薯，沟施阿米西达40mL/亩。结合CARAH模型及实际生产条件。示范田打药5次，平均发病3%左右；当地常规打药对照田打药6次，平均发病18%左右。收获后测产：示范田平均亩产2 863kg，对照田亩产2 450kg，示范田比对照田平均增产16.86%，平均亩增收500元左右（图3-13）。

为验证和评价马铃薯晚疫病智慧测报及减药控害技术对防控马铃薯晚疫病的效果。于2012年在呼和浩特市内蒙古大学试验农场，2013年在牙克石市和阿荣旗进行试验。供试马

铃薯品种为费乌瑞它种薯，种植密度3 300株/亩，大垄单行，全程机械化种植，具有喷灌条件，高培土垄高30cm，用2.5%甲基托布津+2.5%代森锰锌+95%滑石粉处理种薯，沟施阿米西达40mL/亩。

结合CARAH模型及实际生产条件，2012年，在株高25～30cm时开始喷施杀菌剂，共喷施7次，分别为大生150g/亩、科佳50mL/亩、大生150g/亩、银法利50mL/亩、科佳50mL/亩、银法利50mL/亩、科佳50mL/亩。2013年，喷施代森锰锌100g/亩、50%锰锌·氟吗啉100g/亩、银法利100g/亩。对照田在发病后开始喷施，共喷施3次药剂，发病率90%，造成植株早枯，亩产2 365kg；示范田发病率为零，平均亩产3 010kg，较对照增产27.27%，防效100%。根据预测预报指导打药，可有效降低病叶率，延长生育期15d左右，减少产量损失20%以上。

图3-12　9月2日晚疫病示范对比

图3-13　大雁示范田与对照田

第二节　内蒙古马铃薯晚疫病智慧测报及减药控害关键技术集成

一、安装马铃薯晚疫病监测预警站点

在不同的马铃薯生产区域，选取马铃薯种植面积大、代表性强的种植区安装全自动马铃薯晚疫病监测仪，并进行GPS定位，同时记录马铃薯品种、经纬度、海拔等监测点的具体信息。

二、安装应用内蒙古马铃薯晚疫病数字监控信息系统和App

在手机端、电脑端安装内蒙古马铃薯晚疫病数字监控信息系统，下载马铃薯晚疫病防控App。

1.监测期设置

使用内蒙古马铃薯晚疫病数字监控信息系统进行马铃薯晚疫病监测，应从监测区域内田间出现第一棵马铃薯幼苗时，开启田间气象站，及时在系统的监测期设置功能模块中设置监测区域马铃薯种植品种、幼苗始见期和预计收获期。从幼苗始见日起，当系统提示监测点第3代第1次侵染曲线生成后，病虫测报人员就应加强监测，并开展田间调查工作，直至马铃薯收获。

2.湿润期及得分计算

从幼苗始见期开始，将田间气象站采集的气象数据根据表3-34计算侵染湿润期的形成及侵染程度。任意1次侵染湿润期形成后，形成的当天侵染得分为0，将以后每天的平均温度，对照表3-35的Conce参数得到一个分数，并将每天得分累加，≥7分时即视为完成1次侵染循环。

$$\sum S_i \geqslant 7$$

其中，S_i表示任意1次侵染循环开始后第i天的得分。

表3-34　马铃薯晚疫病菌侵染程度与湿润期平均温度和持续时间的关系

湿润期平均温度/℃	湿润期（相对湿度大于90%）持续时间/h			
	轻度	中度	重度	极重度
7	16.50	19.50	22.50	25.50
8	16.00	19.00	22.00	25.00
9	15.50	18.50	21.50	24.50
10	15.00	18.00	21.00	24.00
11	14.00	17.50	20.50	23.50

（续）

湿润期平均温度/℃	湿润期（相对湿度大于90%）持续时间/h			
	轻度	中度	重度	极重度
12	13.50	17.00	19.50	22.50
13	13.00	16.00	19.00	21.50
14	11.50	15.00	18.00	21.00
15	10.75	14.00	17.00	20.00
16	10.75	13.00	16.00	19.00
17	10.75	12.00	15.00	18.00
18	10.75	11.00	14.00	17.00
19 ~ 22	10.75	11.00	14.00	17.00

注：如果湿润期被中断的时间不超过3h，该湿润期将连续计算；如果中断的时间超过4h，则应算作2个不同的湿润期；侵染湿润期持续超过48h，则每24h形成1次侵染湿润期，侵染程度为极重。

表3-35　侵染得分计算方法

温度范围/℃	得分
<8	0
8.1 ~ 12	0.75
12.1 ~ 16.5	1
16.6 ~ 20	1.5
>20.1	1

3.系统站点侵染曲线的自动绘制与判读

配备马铃薯晚疫病监测预警系统的地区，侵染曲线由系统自动绘制和判读。

根据每日均温对应的Conce分值，系统会给出侵染曲线，或在Excel表格内以日期为横坐标、积分为纵坐标绘制侵染曲线。当积分达到或超过7分时该次侵染过程完成。从第1个侵染湿润期形成直至该次侵染结束期间，发生的所有侵染均属于第1代；此后发生的侵染属于下一代。同一代期间发生的侵染按序列命名，例如第1代第1次侵染、第1代第2次侵染……

4.监测站点实时监测及预警信息判读

利用内蒙古马铃薯晚疫病数字监控信息系统实时查看全区范围内所有的监测站点晚疫病实时监测及预警信息。在趋势分析和监测点田间侵染界面显示三级预警，依据颜色显示各监测点的晚疫病发生情况，其中绿色代表未侵染、黄色代表第2代以下侵染、红色代表第3代6分以上侵染。

三、内蒙古马铃薯晚疫病智慧测报技术

专业技术人员根据地域性气候差异、品种抗性不同等因素影响，根据侵染曲线研判中心病株出现时间，有针对性地进行精准防治技术指导。

1.中心病株出现时间预警

高感品种参见第二章第二节五、（一）4.（1）①。

中感品种参见第二章第二节五、（一）4.（1）②。

对于抗病品种。一般在第6代第1次或以上侵染期间，田间出现发病中心后，对马铃薯晚疫病进行监测预警。

2.病害发生程度预测

一般中心病株出现后若仍保持90%以上的高湿天气、18～22℃气温适宜，病害将会很快蔓延至全田。在种植感病品种地区，气候条件是流行的决定性因素。阴雨连绵或多雾、多露条件，条件适宜，晚疫病最易流行成灾。大约经过10～15d，就会扩展蔓延到全田。

采用内蒙古自治区马铃薯晚疫病监测预警系统进行预测晚疫病病害发生程度，田间中心病株出现后应及时关注系统提示的极重度侵染和重度侵染（侵染程度判断方法见表3-34）湿润期形成的数量，在温度为7～22℃，相对湿度大于90%，持续时间8h以上的条件下，当极重度侵染和重度侵染湿润期次数之和达到或超过总侵染次数50%，或者侵染比率在35%～50%、侵染代数超过9代、侵染次数超过20次，均为重度发生；重度侵染比率在30%～40%为轻度发生。

3.药剂防治

马铃薯晚疫病是一种流行性病害，重在预防，一般需在致病疫霉发生侵染前后开展预防，感病品种从第3～4代，抗病品种从第5～6代，在第1次侵染积分为1～6分时开始第1次保护剂喷药防治，以后间隔7～10d用治疗性药剂防治1次。保护剂可选择代森锰锌、百菌清等；防治剂优先选用丁子香酚、香芹酚等植物源杀菌剂和枯草芽孢杆菌等微生物源杀菌剂，化学杀菌剂可选择氟菌·霜霉威、噁酮·霜脲氰、氰霜唑、吡唑醚菌酯等杀菌剂。为避免产生抗药性，应合理配施并交替用药。叶片正、反面均匀喷雾。若喷药后8h内遇雨，应及时补喷。杀菌剂宜采用推荐用量或者减量20%加助剂（如倍倍加喷雾助剂）喷施。

四、利用内蒙古马铃薯晚疫病数字监控信息系统发布晚疫病预警信息及提供防治决策

依据内蒙古马铃薯晚疫病数字监控信息系统的颜色提示，当监测点进入侵染最佳防控时期，技术人员便会及时通过预警短信服务功能将预警信息告知种植户，同时将科学防控指导信息直接发送到相关种植户和技术人员手机上，避免错过最佳防治时间。

第三节　致病疫霉有性生殖分子机制的基础研究

一、α1性激素诱导致病疫霉有性生殖的比较蛋白质组学研究

1.致病疫霉菌株P7723蛋白质的提取

以致病疫霉P7723为试验材料，分别对其进行二甲基亚砜（DMSO）处理3、8、24、72h和α1性激素处理3、8、24、72h，提取DMSO和α1性激素处理后的致病疫霉P7723菌丝体的总蛋白质，并进行SDS聚丙烯酰胺凝胶电泳（SDS-PAGE）检测，所有样品条带分离清晰，成功提取蛋白质。

2.致病疫霉菌株P7723蛋白质的鉴定

将提取的蛋白质用胰蛋白酶水解，然后用iTRAQ Reagent-8plex Multiplex Kit试剂盒（AB SCIEX，USA）标记肽段，标记后的肽段混合物经强阳离子柱分离，进行质谱分析及Mascot检索后，将结果合并，并以肽段假发现率（Peptide FDR）≤0.01的条件筛选过滤，鉴定到33 922个特异肽段，4 291个蛋白质组。

3.生物信息学分析

蛋白质组学的单因素方差分析（One-way ANOVA）的结果显示，α1性激素组筛选到了795个差异表达蛋白质，与对照组相比，有594个差异表达蛋白质只存在于α1性激素组，通过在二级（level2）水平进行基因本体（GO）功能注释，筛选到7个只存在于α1性激素组或在α1性激素组表达量显著增高的蛋白质；通过T检验（T-test）定量分析，共筛选到183个差异表达蛋白质，经GO功能注释、京都基因和基因组百科全书（KEGG）通路富集分析，共获得23个差异显著的蛋白质，其中包括10个下调蛋白质、13个上调蛋白质。这30个差异蛋白质可能与致病疫霉有性生殖过程密切相关（图3-14至图3-16）。

疫霉菌的有性生殖对其物种的演化和延续起着重要作用。揭示性激素调控疫霉菌有性生殖的分子机理，可为马铃薯晚疫病防控靶向药物的筛选指明方向。

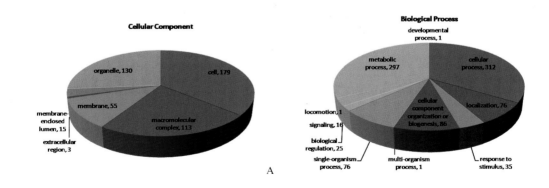

A

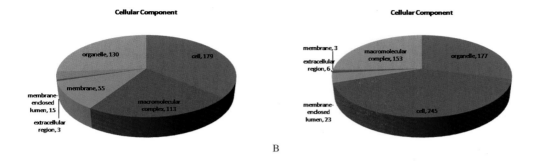

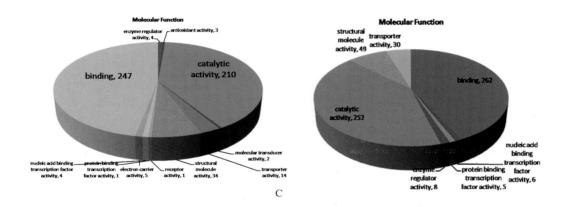

图3-14 差异蛋白GO注释结果统计

注：A为生物学进程GO注释结果统计，左图为DMSO组，右图为α1性激素组；B为分子功能GO注释结果统计，左图为DMSO组，右图为α1性激素组；C为细胞成分GO注释结果统计，左图为DMSO组，右图为α1性激素组。

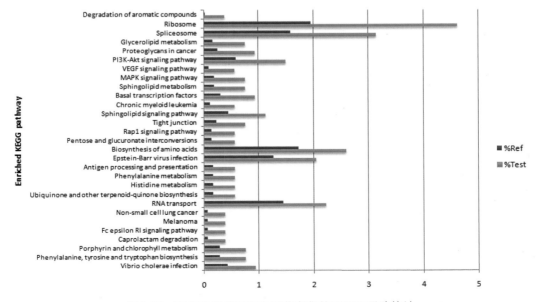

图3-15 DMSO组差异蛋白显著富集的KEGG通路统计

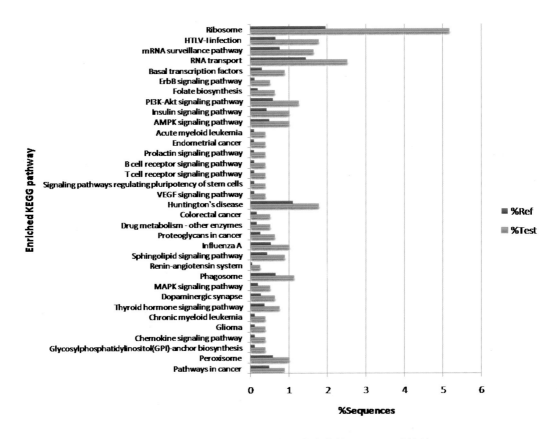

图 3-16　α1 性激素组差异蛋白显著富集的 KEGG 通路统计

二、致病疫霉长期保存、最佳培养条件及遗传转化方法的完善

1. 致病疫霉保存方法的建立

通过 4 种方法保存致病疫霉菌株：蒸馏水密封黑麦粒（HR）、矿物质油密封黑麦粒（OR）、蒸馏水密封培养基（HM）和矿物质油密封培养基（OM）。在保存 6、9、12 个月后，分别从菌株生存率、菌丝生长速率、形态特征、致病性等方面，综合比较 4 种方法的优缺点（图 3-17）。结果表明，4 种方法均能高度保持被测致病疫霉菌株的生存能力，且对菌株的生长和形态特征没有显著影响，但对菌株致病性的影响具有菌株特异性。

2. 不同培养基对致病疫霉生长和生殖的影响

以致病疫霉菌株 P7723 和野生型菌株 HQK8-3 为材料，检测了黑麦培养基（RA）、胡萝卜培养基（CA）、放置玻璃纸的黑麦培养基（CP）、放置聚碳酸酯膜的黑麦培养基对致病疫霉生长和生殖的影响。结果表明，放置聚碳酸酯膜的黑麦培养基是最适合收集有性生殖菌丝体的培养基。

3. 致病疫霉转化体系的建立

以 HQK8-3 为研究材料，通过绿色荧光蛋白表达载体建立了致病疫霉的遗传转化体系。

直接电转化法对致病疫霉而言，是一种可行的遗传转化方法，该法的转化率约是原生质体转化法的2倍，且比原生质体转化法更简单、快速（图3-18）。

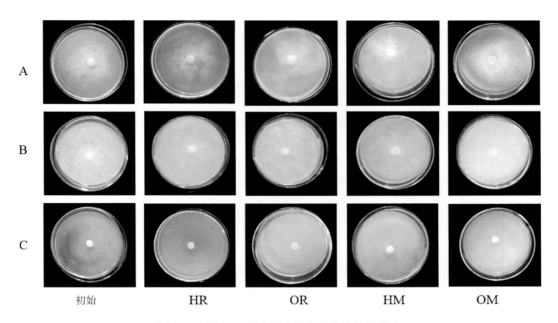

图3-17　保存12个月的致病疫霉菌株菌落形态

A.YF3　B.64093　C.32835

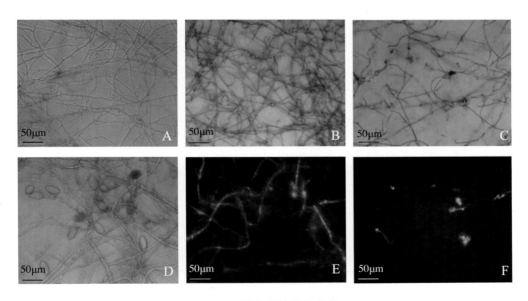

图3-18　转化子的荧光观察

注：将野生型（HQK8-3）、空载体转化子、通过原生质体转化法所得转化子、通过电转化法所得转化子于荧光显微镜下观察。A～D为明场图片，E、F为荧光图片。其中，A为空载体转化子，D为HQK8-3，B、E为电转化法所得阳性转化子，C、F为原生质体转化法所得阳性转化子。

三、参考文献

崔海辰, 2018. 致病疫霉PiGK5基因功能的研究及α1性激素诱导下致病疫霉有性生殖的磷酸化蛋白质组学分析[D]. 呼和浩特: 内蒙古农业大学.

云丽莎, 刘芮畅, 李松原, 等, 2021. 不同培养基对致病疫霉生长和生殖的影响[J]. 微生物前沿, 10(1): 52-61.

Cui H, Ren X, Yun L, et al., 2018. Simple and inexpensive long-term preservation methods for Phytophthora infestans[J].Microbiol Methods,152:80-85.

Dong L, Zhu X, Cui H, et al., 2015. Establishment of the straightforward electro-transformation system for Phytophthora infestans and its comparison with the improved PEG/CaCl$_2$ transformation[J]. Microbiol Methods, 112: 83-86.

第四节　马铃薯晚疫病生物防治基础性研究

一、内蒙古地区的黏细菌资源分布

（一）样品的采集

从内蒙古地区的不同类型土壤、特有植物根际土壤及植物、水样等中采集样品。共采集到443个样品，包括26个主要土壤类型的样品（包括不同土壤利用方式）、一些特殊土壤及水样等。

（二）样品的环境参数测定与分析

通过国标法测定了土壤样品的环境参数。包括pH、含水量，以及速效钾、有效磷、水解氮、有机质的含量。结果显示，内蒙古地区从西到东，土样由偏碱性到偏酸性，且土样的含水量很低，土壤肥力状况普遍较差。

（三）黏细菌非培养群落结构多样性

1.黏细菌16S rRNA基因高通量测序

本实验对从内蒙古地区采集的134份土壤样品中的黏细菌16S rRNA进行高通量测序。经过质量过滤和嵌合检查，共获得20 265 692条16S rRNA基因序列，平均长度为231bp。

2.内蒙古地区黏细菌的群落结构

按照经纬度将采集的样品从西到东分成5个组。阿拉善盟的样品为第1组，巴彦淖尔、鄂尔多斯的样品为第2组，呼和浩特、乌兰察布、锡林浩特的样品为第3组，赤峰的样品为第4组，兴安盟、呼伦贝尔的样品为第5组。选取相对丰度排列前100的黏细菌进行分析，发现分布在不同地区的5组土壤样品中黏细菌群落组成具有相似性，均包括3个亚目，10个科，22个属。在科水平上，5个类群均包含Polyangiaceae、Cystobacteraceae、Labilitrichaceae、Sandaracinaceae、Haliangiaceae、Nannocystaceae、Kofleriaceae、Myxococcaceae、Phaselicystidaceae和Vulgatibacteraceae。在属水平上，5个类群均含有

Labilitrix、*Sandaracinus*、*Archangium*、*Haliangium*、*Kofleria*、*Minicystis*、*Polyangium*、*Byssovorax*、*Sorangium*、*Chondromyces*、*Cystobacter*、*Nannocystis*、*Myxococcus*、*Enhygromyxa*、*Aggregicoccus*、*Anaeromyxobacter*、*Phaselicystis*、*Jahnella*、*Stigmatella*、*Vulgatibacter*、*Pseudenhygromyxa* 和 *Hyalangium*。

5个组中黏细菌高、中、低丰度的物种不同，第1～3组中 *Labilitrix*、*Sandaracinus*、*Archangium* 和 *Haliangium* 的相对丰度较高，均大于4%，第4、第5组中，相对丰度大于4%的物种只有 *Sandaracinus* 和 *Labilitrix*。*Jahnella*、*Stigmatella*、*Vulgatibacter*、*Pseudenhygromyx* 和 *Hyalangium* 在5个组中的相对丰度均较低，均小于0.2%。其余黏细菌属均为中等丰度。其中，第1组优势黏细菌为 *Archangium*，第2组优势黏细菌为 *Sandaracinus*，第3、第4、第5组优势黏细菌均为 *Labilitrix*。可见，*Labilitrix*、*Sandaracinus*、*Archangium* 和 *Haliangium* 是内蒙古黏细菌的优势种。5个类群中未知分类群的相对丰度均大于59%，均为优势分类群。这表明土壤中存在许多未知的黏细菌。因此，对这些罕见的和未知的黏菌的详细信息需要在未来进行更深入的测序和挖掘。

3.黏细菌群落结构与环境因子的相关性

采用RDA分析内蒙古地区土壤样品属水平黏细菌群落结构与理化性质的关系。采样点的经纬度、土壤pH、水分、速效磷和有机质含量对黏细菌群落结构的影响较大，而土壤样品的海拔高度、速效钾和水解氮含量的影响相对较小。其中pH对黏细菌群落结构的影响最大，速效钾的影响最小。第1组和第2组大部分样品黏细菌群落结构与土壤pH、采样点海拔高度、速效钾、速效磷含量呈正相关，与采样点经纬度、土壤水分、有机质、水解氮含量呈负相关。第3、第4、第5组样品中大多数黏细菌群落结构与采样点的经纬度、土壤水分、有机质、水解氮含量呈正相关，与土壤pH、采样点海拔、速效钾、速效磷含量呈负相关。

通过对各物种与环境因子相关性的Pearson相关分析，可以评价环境因子具体影响哪些物种及其影响方向。以相关系数$|cor|>0.3$、$P<0.05$ 为显著性筛选阈值，筛选出与环境因子显著相关的物种。*Minicystis*、*Labilithrix* 和 *Byssovorax* 与采样点的经纬度、水分和水解氮含量呈正相关，与土壤pH和速效钾含量呈负相关。*Minicystis* 和 *Byssovorax* 与有机质含量呈显著正相关，*Labilithrix* 和 *Byssovorax* 与速效磷含量呈显著负相关。*Cystobacter*、*Myxococcus*、*Sandaracinus* 和 *Archangium* 与采样点的经纬度、土壤水分、有机质和水解氮含量呈负相关，与采样点海拔高度和土壤pH呈正相关。*Chondromyces* 数量与采样点纬度、水分、有机质、水解氮含量呈负相关，与土壤pH呈正相关。*Nannocystis* 与采样点的经纬度、水分含量、有机质含量呈负相关，与采样点海拔高度、土壤pH呈正相关。这些结果说明，土壤样品的分布和养分含量决定了黏细菌群落的相对丰度，同时，黏细菌也积极参与了土壤的养分循环。

（四）黏细菌可培养群落结构多样性

采用兔粪、大肠杆菌、滤纸诱导法和几种改良方法，分别对采集的样品中的黏细菌进行分离纯化。通过形态特征、生理生化特征、分子生物学等方法，鉴定获得的黏细菌。共分离出1 638株菌，获得黏细菌菌株899株，经鉴定属于黏细菌的9个属，17个种（图3-19、图3-20）。

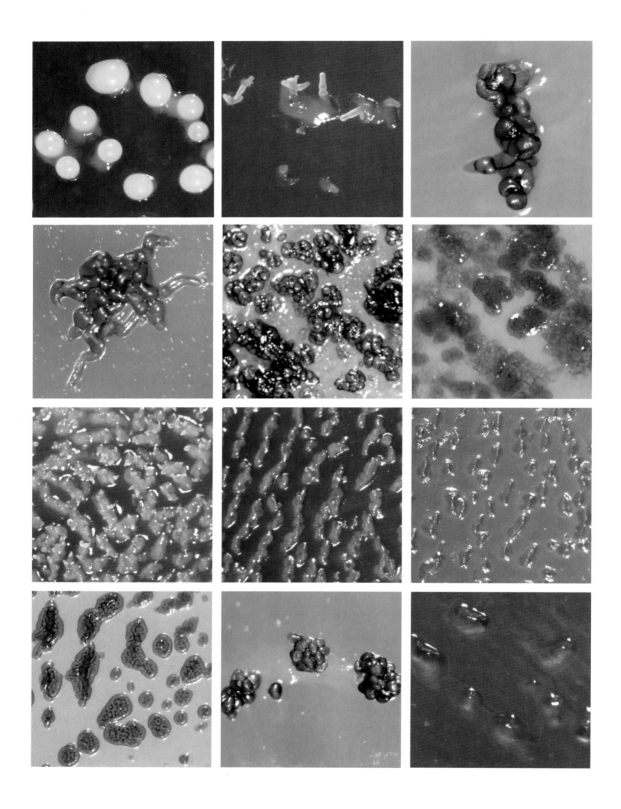

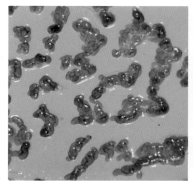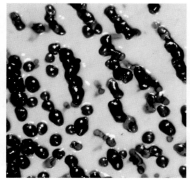

图3-19　部分黏细菌的子实体形态

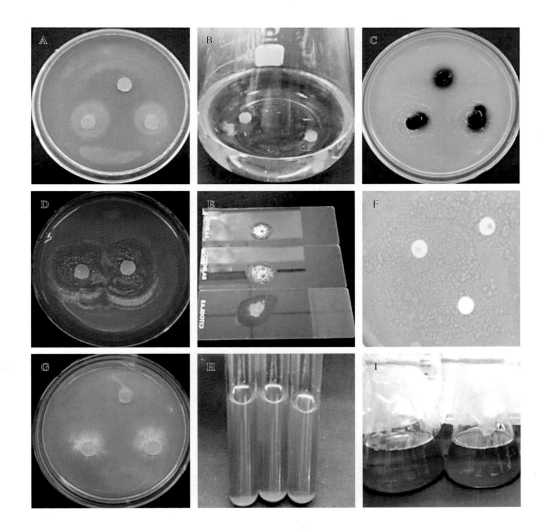

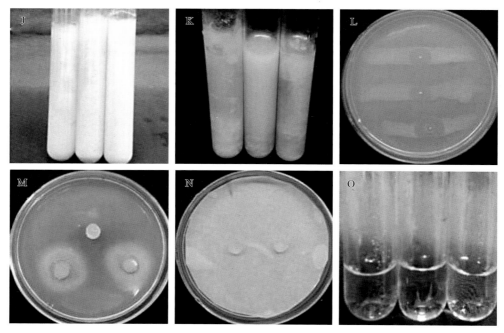

图3-20　3株黏细菌的生理生化测定

A.硫化氢产生试验　B.LB液体培养　C.淀粉水解　D.刚果红实验　E.过氧化氢酶　F.抗生素敏感性　G.酪氨酸水解　H.明胶液化　I.脲酶利用　J、K.牛奶的凝固与陈化　L.大肠杆菌利用　M.吐温-80利用　N.纤维素降解　O.硝酸盐还原

相关性分析表明，几个地区黏细菌的分布与环境因子的相关性没有统一规律，可能是由于每个地方环境的特殊性，黏细菌的分布会受到很多因素的影响。此外，可能由于黏细菌分离纯化比较困难，很多样品中的黏细菌没有被分离出来，导致数据并不能客观代表实际数据。

二、黏细菌抗马铃薯晚疫病活性

检测黏细菌拮抗致病疫霉活性及菌株广谱抗菌活性。81.29%的黏细菌菌株具有抗致病疫霉活性（图3-21、图3-22）。此外，有些黏细菌菌株还具有抗大肠杆菌、枯草芽孢杆菌、

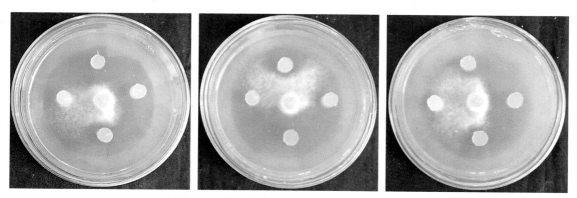

图3-21　黏细菌纯化菌株的抗致病疫霉活性

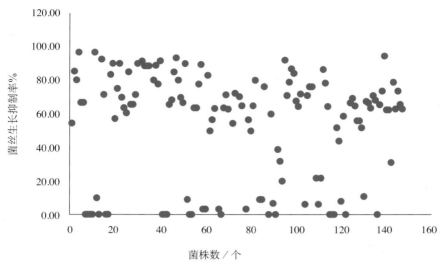

图 3-22 黏细菌对致病疫霉菌丝生长的抑制率

金黄色葡萄球菌、酿酒酵母、尖孢镰刀菌、马铃薯黑痣病菌、向日葵核盘菌、大丽轮枝菌等活性。将其中一些高抗活性菌株进行发酵培养，比如菌株 YR-T，检测发酵液对离体叶片发病的抑制率。结果表明，这些菌株的发酵上清液可以有效抑制致病疫霉侵染马铃薯叶片（图 3-23）。这为今后研发基于黏细菌抗马铃薯晚疫病活性的生物农药奠定基础。

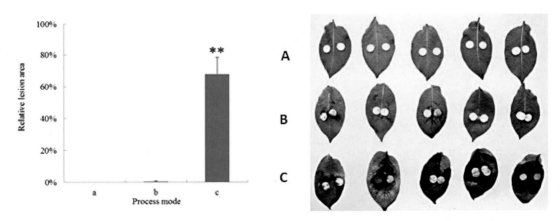

图 3-23 菌株 YR-7 的浓缩发酵上清液对马铃薯离体叶片的防病作用及相对病斑面积

A.浓缩发酵上清液+无菌蒸馏水   B.浓缩发酵上清液+致病疫霉游动孢子   C.无菌蒸馏水+致病疫霉游动孢子

三、参考文献

丁一秀 , 2018. 鄂尔多斯高原地区黏细菌的分离鉴定及其拮抗致病疫霉活性的初步分析 [D].呼和浩特：内蒙古农业大学 .

任兴波 , 2017. 巴彦淖尔地区土壤中黏细菌的分离鉴定及其抗致病疫霉活性的初步研究 [D].呼和浩特：内蒙古农业大学.

任兴波,武志华,崔海辰,等,2015.致病疫霉拮抗菌株YR-7的分离鉴定及其活性物质[J].微生物学通报(7):1513-1523.

任兴波,张子良,赵璞钰,等,2016.马铃薯晚疫病菌拮抗黏细菌YR–35的分离鉴定及其代谢产物稳定性,[J].中国生物防治学报(3):379-387.

王雪寒,2020.内蒙古东部地区的可培养黏细菌及其抗菌活性的初步检测[D].呼和浩特:内蒙古农业大学.

王雪寒,马强,田媛,等,2019.内蒙古呼伦贝尔地区的可培养黏细菌及其抗菌活性[J].生物技术通报,35(9):224-233.

武志华,2018.内蒙古中部地区黏细菌分离及其抑制马铃薯晚疫病菌的活性和成分研究[D].呼和浩特:内蒙古农业大学.

武志华,丁一秀,任兴波,等,2017.黏细菌的活性检测及与环境因子相关性的探究[J].应用与环境生物学报,23(2):244-250.

武志华,李娜,马秀枝,等,2018.大兴安岭地区黏细菌资源的多样性及其生物活性[J].微生物学通报,45(2):266-283.

赵璞钰,2018.阿拉善地区黏细菌的分离鉴定及其抗致病疫霉活性的初步研究[D].呼和浩特:内蒙古农业大学.

Zhihua Wu, Xuehan Wang, Qiang Ma, et al., 2021. Distribution of Culturable Myxobacteria in Central Inner Mongolia and their Activity against Phytophthora infestans[J]. INTERNATIONAL JOURNAL OF AGRICULTURE & BIOLOGY, 25(6): 1292-1302.

第四章
马铃薯晚疫病智慧测报及减药控害关键技术创新与应用服务体系的建立

第一节　内蒙古农作物重大病虫害监测预警数字化平台研发与应用

近年来，草地螟、蝗虫、粘虫、马铃薯晚疫病等重大病虫害在内蒙古呈多发、重发、频发的态势，给内蒙古农业生产安全造成了严重威胁。随着现代农业发展，粮食的稳产、增产，农产品质量的提高，以及人与自然的和谐发展，对农业科技的需求越来越大、要求越来越高。作为农业防灾减灾工作基础的有害生物灾害监控工作，却面临着人员少、任务繁重和时间要求紧迫等诸多问题。内蒙古农作物重大病虫害监测预警数字化平台项目建立之前，内蒙古农业有害生物灾害监控预警手段落后，信息采集、传输和处理主要以人工和邮件往来为主，距离高度信息化的现代农业、现代植保要求差距很大。加强重大病虫害监测预警与联防联控能力建设，扎实提升植保信息化水平，以农作物重大病虫害监测预警数字化为重点，大力推进植保信息化建设，稳步提高病虫害监测和防控能力，完善病虫害监控数字化平台建设，既是认真贯彻落实中央1号文件及《2013年全国植物保护工作要点》（农办农〔2013〕3号）文件精神的关键举措，又是现代植保工作和农业可持续发展的必然要求。

一、内蒙古农作物重大病虫害监测预警数字化平台建设组织和实施

按照农业部《关于加快推进现代植物保护体系建设的意见》（农农发〔2013〕5号）以及内蒙古自治区农牧业厅*《关于推进现代植保体系建设的意见》（内农牧种植发〔2013〕191号）、《关于加强内蒙古农作物重大病虫害数字化监测预警平台建设工作的意见》（内农牧种植发〔2013〕76号）精神，内蒙古自治区植保植检站（简称植保站）从2011年开始申请并获农业部批准，着手建设内蒙古重大病虫害监测预警数字化平台。一方面，通过赴上海、北京等先进省份考察、调研，组织专家论证、培训，以马铃薯晚疫病、草地螟、粘虫等暴发性、迁飞性重大病虫害数字化监测预警为突破口，根据内蒙古各盟（市）实际需求，开发国家、自治区、盟（市）、旗（县）4级传输、汇总数据报表和分析展示模块，并建立物联网示范试点。另一方面，协调上级主管部门多方面争取资金，2011—2019年，植保站在

---

* 2018年11月，内蒙古自治区农牧厅正式成立，新成立的内蒙古自治区农牧厅整合了原内蒙古自治区党委农村牧区工作办公室、原内蒙古自治区农牧业厅职责，以及内蒙古自治区其他部门的部分管理职责。——编者注

农业部启动资金的资助下和农牧业厅大力支持下，共筹措资金超590万元，主要来源：一是于2014年11月收到内蒙古自治区发展和改革委员会《关于2014年自治区预算内基本建设投资农牧业项目实施方案的批复》（内农发改农字〔2014〕1527号），项目资金批复150万元；二是2017—2019年，国家发展和改革委员会、农业部安排部署植物保护能力提升工程"全国农作物病虫疫情监测中心内蒙古分中心田间监测点"建设项目，资金共到位4 300万元，在2017年项目建设经费中，内蒙古安排200万元开发内蒙古农作物有害生物监控预警3期后续工程业务；三是内蒙古自治区农牧业厅自筹240万元。经过稳步推进，内蒙古重大病虫害监测预警数字化平台初见成效，推进数字化监测预警建设是提升病虫害监控能力的重要途径和手段，也是现代植保事业发展的必然趋势和方向。

二、内蒙古农作物重大病虫害监测预警数字化平台主要功能

病虫害测报信息化和物联网技术应用已成为内蒙古提高重大病虫害预报准确率和植保信息服务到位率的重要手段和有效抓手，到2019年，内蒙古农作物重大病虫害监测预警数字化平台已成为全国唯一一家建立国家、自治区、盟（市）、旗（县）4级系统构架的工作平台。全自治区以及10个盟（市）和56个旗（县、市、区）已经建成独立并有自己特色的病虫害监测预警信息系统，并与全国系统无缝对接。实现了全自治区联网、3级服务器统一托管、数据集中储备、容灾备份和严密的保护措施。

同时，根据本地区病虫害发生实际情况和特点，建立了旗（县）、盟（市）、自治区历史数据库。在工作平台、展示平台和发布平台的建设上加强了系统的应用功能，夯实了植保技术支撑服务体系，为逐步形成4级联动、快速反应的应急监控指挥系统奠定了坚实的基础。全面提升了内蒙古农作物病虫害监测预警能力和水平，为科学制定防控决策，有效组织防控行动提供高质量的预报、防控技术指导咨询服务，为建设现代农业，确保粮食安全和主要农产品有效供给，提供了有力的技术支撑（图4-1至图4-5）。

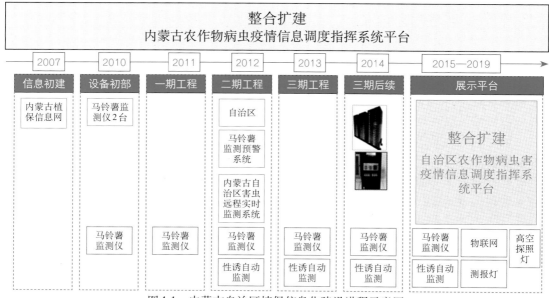

图4-1　内蒙古自治区植保信息化建设进程示意图

到2020年，建成覆盖自治区、12盟(市)和60个旗(县)的五级农作物病虫害疫情监测预警网络。

图4-2　内蒙古自治区智能化测报体系建设示意图

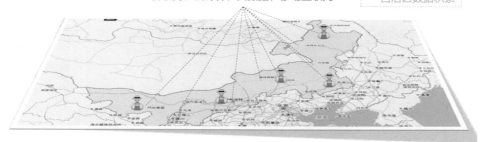

图4-3　内蒙古植保信息化建设成果

图4-4　内蒙古农作物重大病虫害监测预警数字化系统与国家系统对接示意图

国家系统

分析预测
监测指挥

农作物重大病虫害数字化监测预警系统

自治区系统

自治区集成展示中心

内蒙古农作物重大病虫害数据化监测预警平台

移动端APP查询展示

物联网数字化监管 | 病虫预报发布服务 | 知识共享交流 | 任务分配评价考核

服务器 ▫ 基础信息共享库 ▫ 监测预警数据库 ▫ 植物检疫数据库 ▫ 数据交互管理 ▫ 数据交互服务

盟（市）级系统

农作物病虫害监测信息系统［盟（市）级］

🖥 设备　　　　🗄 历史数据库
🗄 实时监测数据库　🗄 管理数据库
🗄 档案资料数据库

物联网数字化监管 | 病虫预报发布服务 | 知识共享交流 | 任务分配评价考核

盟（县）级系统

病虫害物联网数据系统［盟（县）级］

🖥 设备　　　　🗄 历史数据库
🗄 实时监测数据库

实时监测 | 设备管理 | 田间调查 | 移动采集 | 预报情报

旗（县）级 物联网网关设备

乡（镇）监测点

专业物联网设备配套

田间小气候仪 | 病虫调查统计器 | 虫情测报灯 | 农业环境监测仪 | 视频监控 | 孢子捕捉仪 | 性诱设备 | 手持移动终端/田间采集App

图4-5　物联网设备数字化监管流程图

1.数据的采集和上报

一是完成了农作物重大病虫传统测报系统数据上报和整理工作，目前已经开发完成了六大病虫报表88张，并将国家系统中的重大病虫系统报表和周报表同步到自治区、盟（市）和旗（县）系统中，完成了重大病虫数据的标准化采集、制度化管理、规范化上报，实现国家、自治区、盟（市）和旗（县）4级系统同时分析利用（图4-6）。二是实现了与现代监测调查工具和数字化平台的对接，完成多个应用系统的整合及数据的集中存储和分析利用。三是实现了乡村监测点系统监测调查数据上报数字化平台，使数字化平台可延伸到任何一个旗（县）的监测点。

图4-6 信息系统中报表和重大病虫专题设置

2.数据的管理、分析利用及预警发布

一是实现自动采集设备数据接入，灯诱、性诱采集数据的管理分析和利用。实现了传统测报与现代化监测的有机结合。二是开发符合内蒙古实际需要的重大病虫害专题，实现数据多维度汇总、分析和预警功能。三是按照内蒙古农业重大有害生物灾害处置应急预案内容开发重大病虫预警等级并发布（图4-7至图4-14）。

图4-7 数据的管理、分析利用及预警发布

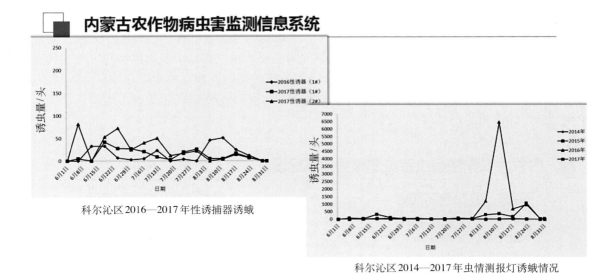

图4-8 性诱自动监测设备和虫情测报灯监测情况的分析与展示

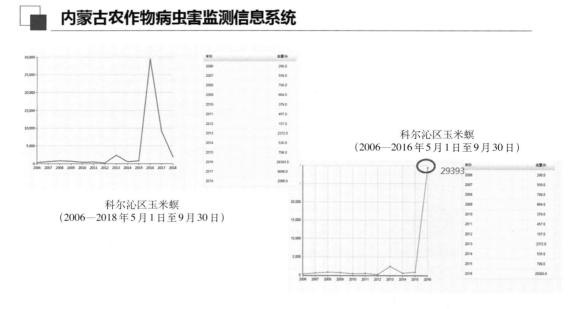

图4-9 科尔沁区玉米螟诱蛾量监测数据历史同期对比预警展示

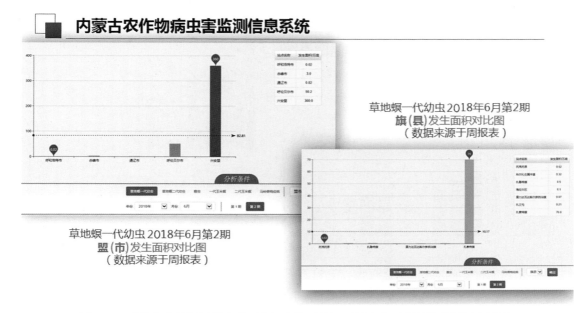

图4-10　系统中草地螟周报表盟（市）和旗（县）区域发生面积预警分析图表展示

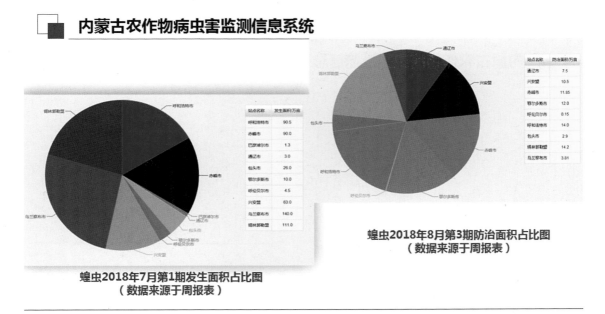

图4-11　系统中蝗虫周报表盟（市）区域发生面积预警分析图表展示

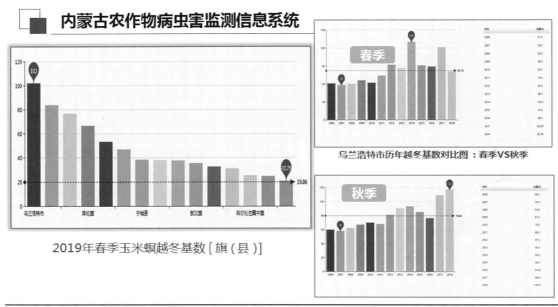

图4-12 系统中2019年玉米螟越冬区域横向对比和站点历史纵向智能分析预警展示

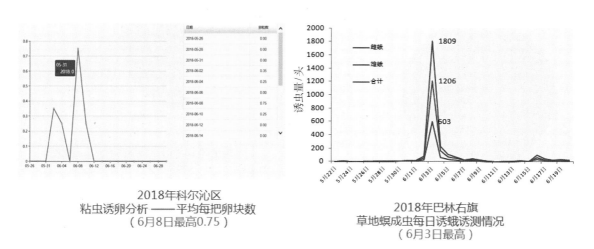

图4-13 系统中迁飞性害虫卵量调查和蛾虫调查智能分析预警

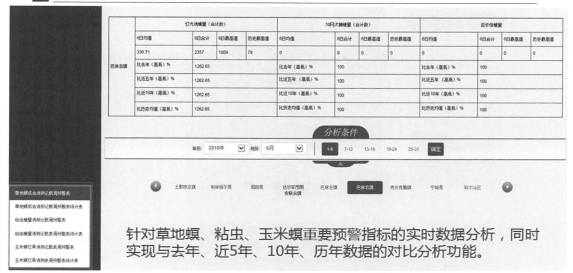

图4-14　系统中重大病虫发生区域预警和与历史数据预警功能模块

3.开发专业、实用的应用系统

一是建立了内蒙古马铃薯主产区马铃薯晚疫病物联网监测站点，开发了内蒙古马铃薯晚疫病数字化监控预警系统（图4-15至图4-19）。

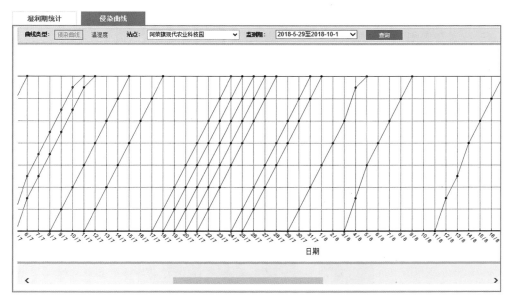

图4-15　阿荣旗农业现代科技园2018年马铃薯晚疫病侵染曲线图

内蒙古马铃薯晚疫病监测预警系统

编号	侵染次数	开始时间	结束时间	侵染程度	得分情况
1	1/1	2012-07-21	2012 - 07 - 25	极重	7
2	2/1	2012-07-25	2012 - 07 - 29	中等	7
3	1/2	2012-07-28	2012 - 08 - 02	重	7
4	2/2	2012-07-29	2012 - 08 - 03	重	7
5	3/2	2012-07-30	2012 - 08 - 04	轻	7
6	4/2	2012-07-31	2012 - 08 - 05	极重	7
7	5/2	2012-08-01	2012 - 08 - 09	中等	7
8	1/3	2012-08-04	2012 - 08 - 09	中等	7
9	2/3	2012-08-07	2012 - 08 - 12	中等	7
10	1/4	2012-08-12	2012 - 08 - 17	轻	7
11	2/4	2012-08-14	2012 - 08 - 19	轻	7
12	1/5	2012-08-27	2012 - 09 - 01	轻	7
13	1/6	2012-09-02	2012 - 09 - 10	中等	7

图4-16 内蒙古马铃薯晚疫病防治决策

图4-17 内蒙古马铃薯晚疫病预警发布信息服务

图4-18 内蒙古马铃薯晚疫病远程监控指挥系统

图4-19　农技服务人员和马铃薯种植大户手机客户端精准监测指导

二是建立农作物病虫害管理云系统，主要包括视频会议系统、专家预约系统和农牧业（病虫害、药害）诊断系统（图4-20至图4-22）。

图4-20　视频会议系统

图4-21　专家预约系统

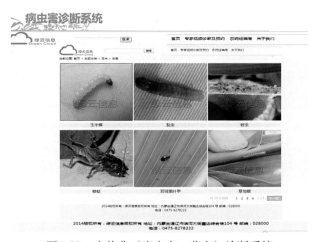

图4-22　农牧业（病虫害、药害）诊断系统

三是内蒙古植保交互展示系统（触控展示系统）（图4-23）。

四是研发县级病虫害物联网分析系统（图4-24）。

图4-23　内蒙古植保植检交互展示系统（触控展示系统）

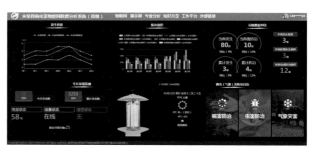

图4-24　病虫害物联网数据分析系统（县级）

4.建立重大病虫的历史数据库

按照《内蒙古自治区农作物病虫测报站管理办法》（内农牧种植发〔2007〕85号）要求，对内蒙古范围内的国家、自治区区域测报站和系统测报站承担的重大病虫监测任务进行系统整理，建立数据库。2015—2021年，内蒙古重大病虫数字化平台建设项目投入使用以来，组织、整理了国家在一二期植保工程投入病虫测报站建设的主要旗（县）的历史档案，建立了草地螟、粘虫、玉米螟等重大病虫数据库。在系统中，最少的旗（县）历史数据有14年，最多的四子王旗草地螟系统数据有34年，有力地支撑了内蒙古重大病虫科学预警和防治决策。

三、逐步部署建立重大病虫害物联网监测站点，推进病虫害监测预警的数字化建设进程

截至2019年12月，在马铃薯主产区建立了93个马铃薯晚疫病和111个害虫性诱监测现代化测报工具，160台虫情测报灯、42个糖蜜诱杀测报工具（传统测报工具）。2018—2020年在11个盟（市）45个旗（县、市、区）设立了78个高空探照灯，开展迁飞性害虫的监测。

2017—2019年动植物保护能力提升工程——全国农作物病虫疫情监测中心内蒙古分中心田间监测点建设项目在内蒙古实施，资金共到位4 300万元。其间，22个旗（县）田间监测点建设完成并投入使用。

自2017年开始，得到了内蒙古自治区农牧业厅和各盟（市）农牧业局的大力支持，利用农业保险防减损金建立重大病虫害物联网监测站点。2017年，兴安盟科尔沁右翼前旗投入145.33万元，建立了3个物联网站点，在近年草地螟等重大虫害的监测中发挥显著效能。

第二节　建立马铃薯晚疫病智慧测报及减药控害关键技术服务体系

一、建立马铃薯晚疫病智慧测报体系

（一）开发和建立内蒙古农作物重大病虫害数字化监测预警平台

推进数字化监测预警建设是提升病虫害监控能力的重要途径和手段，也是现代植保事

业发展的必然趋势和方向。2011年以来，植保站在农业部启动资金资助下和内蒙古自治区农牧业厅大力支持下，多方筹措资金，在2011年、2012年、2013年和2014—2016年，分别完成了内蒙古农作物有害生物监控预警系统1期、2期、3期工程和3期后续建设工程。建设内蒙古农作物重大病虫害监测预警数字化平台，推进全区联网，逐步构建以自治区系统为支撑、盟（市）系统为骨干、旗（县）级用户为单元的重大病虫害数字化监测预警网络体系。

（二）研发内蒙古马铃薯晚疫病监测预警系统

通过引进CARAH模型，与北京汇思君达公司合作，根据内蒙古马铃薯晚疫病发生实际，研发了内蒙古马铃薯晚疫病监测预警系统。该系统通过在田间安装马铃薯晚疫病监测仪并将田间气象数据实时传输到服务器，依据温度、湿度条件分析模型自动生成致病疫霉侵染曲线，实现了对致病疫霉侵染过程的自动、实时监测。根据监测预警结果，将马铃薯晚疫病防治策略从见病防治变为无病预防，大大提高了对马铃薯晚疫病的防治效果，为保障马铃薯生产安全提供了强有力的技术支撑。

（三）建设内蒙古马铃薯晚疫病物联网监测预警站点

植保站在2011—2019年连续8年申请内蒙古人力资源和社会保障厅下达的引进国外技术、管理人才项目《内蒙古自治区马铃薯主产区晚疫病预警系统网络化应用》（2012150004、20131500024、20141500020、20161500007）和《内蒙古自治区马铃薯晚疫病数字化监测防控技术的应用与推广》（Y20171500003、Y20181500002、YS2019150006），在马铃薯主产区建立项目监测站点，以点带面加以推广应用。2017—2021年，利用国家启动3期动植物保护能力提升工程，建立农作物病虫监测点建设的机会，在6个盟（市）22个旗（县）市区建设马铃薯晚疫病物联网监测站点，以扩大覆盖面。截至2021年12月，在10个盟（市）49个旗（县、市、区）建立了133个马铃薯晚疫病物联网监测预警站点（图4-25）。各盟市分情况：乌兰察布市37个、呼伦贝尔市22个、巴彦淖尔市14个、包头市12个、通辽市10个、呼和浩特市9个、赤峰市8个、锡林郭勒盟7个、鄂尔多斯市6个、兴安盟6个。在

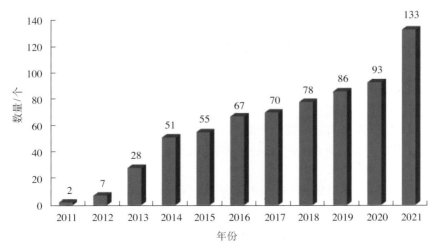

图4-25　2011年以来监测站点每年建设情况

呼伦贝尔市牙克石市，乌兰察布市凉城县、商都县，兴安盟阿尔山市，赤峰市巴林左旗和巴彦淖尔市临河区安装了8个远程视频诊断系统，构建了内蒙古马铃薯晚疫病监测预警体系。马铃薯晚疫病物联网监测预警站点的建立，改变了用纸质材料记录并人工汇总分析的历史。

二、建设内蒙古马铃薯晚疫病发生防治监测防控的制度体系

2007年，项目负责人制定《内蒙古自治区农作物病虫测报站管理办法》（简称《办法》）。《办法》中对测报站、监测对象、汇报制度和上报时间作了明确的规定，从5月初到9月底，各地要按照逐级汇报、各负其责的原则，加强虫情监测，建立并完善重大病虫灾情上报制度、值班制度和应急处置制度，马铃薯晚疫病、草地螟、蝗虫等病虫重发区要实行24h值班制度。各地开通虫情热线电话、电子邮箱和网站，将发生动态、发生趋势和防治信息向社会公布，以提高病虫发生危害信息和防治技术入户率、到位率。

2015年，开发建立内蒙古农作物重大病虫害监测预警数字化平台，将《办法》中的重大病虫涉及的88张报表纳入监测信息系统，同时将定期汇报制度整合到系统中。

2020年国家颁布实施《农作物病虫害防治条例》，将马铃薯晚疫病列入国家一类农作物病虫害。内蒙古马铃薯晚疫病发生防治监测防控制度体系为全国建立4级快速反应的应急监控指挥系统奠定了坚实的基础。

第三节　建立以马铃薯晚疫病为主的重大病虫害数据库

建立了和国家无缝对接的内蒙古重大病虫害监测预警数字化平台，分别建立了自治区、盟（市）和各旗（县）管理平台和独立的数据库。开发了内蒙古马铃薯晚疫病监测预警信息系统，建立了无人值守的马铃薯晚疫病智能监测站点，形成了智慧测报体系，建立了专业的马铃薯晚疫病数据库。查阅历史档案、文献，走访老专家，整理、汇总内蒙古马铃薯晚疫病有关历史资料。通过分析整理2000年以来全区的马铃薯晚疫病数据，基本摸清了马铃薯晚疫病在内蒙古的发生规律、发生特点及分布范围，为内蒙古马铃薯晚疫病的科研和生产提供支撑。

一、查阅历史档案、文献，走访老专家

自2008年农业部将马铃薯病虫害计入国家统计数据范围以来，通过查阅历史档案、文献，走访在植保战线工作过的老专家，将前辈们保留下的非常有价值的资料和数据记入内蒙古植保统计、重大病虫监测信息系统数据库。编辑出版《中国植物保护五十年》，建立内蒙古植物保护50年数据库。为内蒙古马铃薯晚疫病的科研和生产提供科学支撑。

二、开发、研究利用专业的系统，建立马铃薯晚疫病等重大病虫害数据库

在内蒙古农作物病虫害监测信息系统（http://jcyj.nmgzbz.com: 81/jinhetech/home/index）

中开发了马铃薯晚疫病周报表、马铃薯晚疫病模式报表、马铃薯晚疫病发生趋势预测表、马铃薯病虫害发生情况统计表、马铃薯病虫害翌年发生趋势预测表、马铃薯晚疫病中心病株和发生动态情况统计表，建立了2000—2021年的数据库。

在内蒙古马铃薯晚疫病数字化监控预警系统中开发了马铃薯晚疫病中心病株调查表和马铃薯晚疫病发生动态调查表，并累积了2012—2020年马铃薯晚疫病每一年的系统分析预测及发生实况数据。

在全国植保统计内蒙古自治区植保统计报表中（http://cjkz.agri.gov.cn/SignOnServlet）建立有自2009年以来的《马铃薯发生、防治面积及损失情况统计表》，建立自治区、盟（市）、旗（县）马铃薯晚疫病数据库。

三、利用数据库

分析利用马铃薯晚疫病数据库研发内蒙古自治区马铃薯晚疫病智慧测报技术，为各级领导决策提供科学依据，为指导农民防灾减灾做好服务。

内蒙古农作物病虫害监测信息系统的植保统计中，有自2009年以来的马铃薯发生、防治面积及损失情况的统计数据，自治区、盟（市）、旗（县）共上报了97 860条，共计1 683 045个数据（表4-1至表4-6）。

表4-1　2008—2019年马铃薯晚疫病发生、防治、损失情况表

年份	发生面积/万亩次	防治面积/万亩次	挽回损失/万t	实际损失/万t
2008	91.34	92.78	1.435 267	0.639 718
2009	58.29	65.39	1.235 884	0.237 055
2010	92.31	146.44	2.103 113	0.350 418
2011	117.93	253.8	2.864 307	0.748 532
2012	405.96	798.65	21.859 929	6.653 659
2013	359.52	1 095.77	21.926 396	4.829 317
2014	128.28	416.07	5.285 747	1.945 901
2015	70.48	303.67	5.566 646	0.538 954
2016	82.24	427.5	9.681 164	0.903 026
2017	38.86	209.54	2.133 125	0.398 386
2018	75.98	470.55	13.507 287	2.057 121
2019	46.37	408.87	12.478 852	2.497 183

表4-2 马铃薯晚疫病周报表（节选）

项目	测报站点										
	阿尔山市	阿尔山市	阿尔山市	阿尔山市	阿尔山市	阿荣旗	阿荣旗	阿荣旗	察哈尔右翼前旗	察哈尔右翼前旗	察哈尔右翼前旗
调查时间（年-月-日）	2013-8-5	2013-8-12	2013-8-19	2013-8-26	2013-9-2	2013-7-29	2013-8-12	2013-8-19	2013-7-29	2013-8-5	2013-8-12
病虫名称	马铃薯晚疫病	马铃薯晚疫病	马铃薯晚疫病	马铃薯晚疫病	马铃薯晚疫病	马铃薯晚疫病	马铃薯晚疫病	马铃薯晚疫病	马铃薯晚疫病	马铃薯晚疫病	马铃薯晚疫病
本周发生程度	2	2	2	2	3	1	4	5	3	4	4
下周发生程度	丶	丶	丶	丶	丶	2	5	5	4	4	4
当前发生面积/万亩	1.2	1.2	1.2	1.2	2	3.5	15	30	2	8.5	8.5
当前发生面积比上年同期增减/%	0	0	0	0	0	0	0	0	0	0	0
本周新增发生面积/万亩	1.2	0	0	0	1.8	3.5	15	15	2	6.5	0
累计发生面积/万亩	1.2	1.2	1.2	1.2	3	3.5	15	30	2	8.5	8.5
累计发生面积比上年同期增减/%	0	0	0	0	0	0	0	0	0	0	0
累计发生面积比上周增加/%	0	0	0	0	150	0	0	100	0	325	0
当前需防治面积/万亩	1.2	1.2	1.2	1.2	3	3.5	20	27	8	8.5	8.5
当前需防治面积比上年同期增减/%	0	0	0	0	0	0	0	0	0	0	0

（续）

项目	测报站点										
	阿尔山市	阿尔山市	阿尔山市	阿尔山市	阿尔山市	阿荣旗	阿荣旗	阿荣旗	察哈尔右翼前旗	察哈尔右翼前旗	察哈尔右翼前旗
本周完成防治面积/万亩	0.96	0.9	1	0.96	3	1	3	0.5	2	8.5	8.5
累计防治面积/万亩	0.96	1.86	2.86	3.82	6.82	1	3	3.5	2	10.5	19
累计防治面积比上年同期增减/%	0	0	0	0	0	0	0	0	0	0	0
防治效果/%	80	75	85	80	100	85	85	85	70	73	80
当前仍需防治面积/万亩	0.24	0.3	0.2	0.24	0	2.5	17	26.5	6	0	0
平均密度数量	0.2	0.2	0.2	0.2	0.2	10	65	100	30	32	15
最高密度	0.3	0.3	0.3	0.3	0.3	100	100	100	55	58	31
主要发生区域	明水河镇、天池镇、五岔沟镇	明水河镇、天池镇、五岔沟镇	明水河镇、天池镇、五岔沟镇	明水河镇、天池镇、五岔沟镇	明水河镇、天池镇、五岔沟镇	复兴镇、查巴奇乡、音河乡	音河乡、复兴镇、查巴奇乡、霍尔奇镇	全旗各乡（镇）都有发生	黄旗海周边	黄旗海周边黄旗海及地势低洼地区	黄旗海周边黄旗海低势低洼地区
马铃薯生育期	块茎形成期	块茎形成期	块茎形成期	块茎形成期	块茎成熟期	薯块膨大期	薯块膨大期	淀粉积累期	开花盛期	块茎膨大期	块茎膨大期

（续）

项目	测报站点											
	阿尔山市	阿尔山市	阿尔山市	阿尔山市	阿尔山市	阿荣旗	阿荣旗	阿荣旗	察哈尔右翼前旗	察哈尔右翼前旗	察哈尔右翼前旗	察哈尔右翼前旗
发生情况概述	天池镇发生面积约2 000亩，五岔沟镇发生面积约2 000亩，明水河镇发生面积约8 000亩	天池镇发生面积约2 000亩，五岔沟镇发生面积约2 000亩，明水河镇发生面积约8 000亩	天池镇发生面积约2 000亩，五岔沟镇发生面积约2 000亩，明水河镇发生面积约8 000亩	天池镇发生面积约2 000亩，五岔沟镇发生面积约4 000亩，明水河镇发生面积约8 000亩	天池镇发生面积约6 000亩，五岔沟镇发生面积约4 000亩，明水河镇发生面积约8 000亩	近期阿荣旗降雨量较大，为马铃薯晚疫病的发生提供了有利条件，平均病株率为10%，严重地块病株率为100%，发病严重地块多为不抗病品种	马铃薯晚疫病比去年提早发生8d，为马铃薯发生30万亩，严重地块10万亩，块发生4～5级，中等程度发生面积为15万亩，发病程度偏轻微发生面积为5万亩，2级	全旗马铃薯防治薯田未防治，地块植株死亡，发病程度为5级，防治地块发病程度为2～3级	降雨次数多，雨量较多，历年偏多		降雨次数多	降雨次数多
防控情况概述	采样用杜邦克露、银邦、抑快法利、净等农药，循环喷酒，防治面积达到80%	采样用杜邦克露、银邦、抑快法利、净等农药，循环喷酒，防治面积达到75%	采样用杜邦克露、银邦、抑快法利、净等农药，循环喷酒，防治面积达到85%	采样用杜邦克露、银邦、抑快法利、净等农药，循环喷酒，防治面积达到80%	采样用杜邦克露、银邦、抑快法利、净等农药，循环喷酒，防治面积达到98%	防治田已防治，马铃薯防施药剂2遍，将要喷施第3遍，防治2～3遍，面积累计达到35万亩次	截至目前，马铃薯防治面积10治面积35万亩次，防万亩次，平均防效为85%		1.加强监测预警，科学指导 2.加强组织领导积极开展专业化统防统治 3.加强农药市场监管		统防统治	全民动员，积极开展统防统治

（续）

项目	测报站点									
	阿尔山市	阿尔山市	阿尔山市	阿尔山市	阿尔山市	阿荣旗	阿荣旗	察哈尔右翼前旗	察哈尔右翼前旗	察哈尔右翼前旗
下阶段发生防控形势分析	/	/	/	/	/	据气象部门预测，近期有降雨，下阶段马铃薯晚疫病将传播扩散，发生面积增加	/	马铃薯田植株彻底死亡，等待收获	/	/

表 4-3　马铃薯晚疫病模式报表（节选）

项目	测报站点						
	阿尔山市	阿尔山市	察哈尔右翼后旗	察哈尔右翼后旗	阿荣旗	阿荣旗	阿荣旗
调查时间	2014-7-22	2014-9-1	2016-8-14	2016-8-21	2017-9-17	2018-8-5	2018-8-6
目前发生面积/万亩	0.12	0.95	0.25	0.42	5.2	0.7	6
播种面积/万亩	3.4	3.26	33	33	25	15	15
生育期	块茎形成期	块茎膨大期	薯块膨大期	块茎膨大期	淀粉积累期	薯块膨大期	薯块膨大期
总体发生程度	1	2	0	0	1	1	1
发生面积比	3.5	0.29	0.01	0.01	0.21	0.05	0.4

（续）

项目	测报站点						
	阿尔山市	阿尔山市	察哈尔右翼后旗	察哈尔右翼后旗	阿荣旗	阿荣旗	阿荣旗
主要发生区域	五岔沟镇	明水河镇、五岔沟镇、天池镇	贲红镇、大六号镇一带喷灌圈地	贲红镇、大六号镇一带喷灌圈地	音河乡、向阳岭镇、复兴镇	新发乡、音河乡、霍尔奇镇	音河乡、霍尔奇镇、新发乡
病田率（平均）/%	1.4	1.2	0.75	0.75	20	5	40
病田率（最高）/%	3.3	3	3	3	40	15	80
病田率最高出现地区	五岔沟镇	明水河镇	喷灌圈地	贲红镇、大六号镇一带喷灌圈地	音河乡维古奇村	音河乡	音河乡
病情指数（平均）	2	2	1.07	0	4	20	25
病情指数（最高）	4.7	3.9	0	0	8	20	50
最高病情指数出现地区	五岔沟镇	明水河镇	大六号镇	贲红镇、大六号镇一带喷灌圈地	音河乡维古奇村	音河乡	音河乡
病株率（平均）%	4	3	0.5	0.5	50	5	80
病株率（最高）%	7	6	0.55	0.55	70	15	100
病株率最高出现地区	五岔沟镇	明水河镇	大六号镇	喷灌圈地	音河乡维古奇村	音河乡	音河乡
下阶段发生趋势预测（发生盛期）	8月上旬	\	薯块膨大期	大六号镇	0	8月中下旬	8月中旬
下阶段发生趋势预测（发生面积）/万亩	0	0	2	2	0	15	9
下阶段发生趋势预测（发生程度）	2	\	1～2	1～2	0	1～4	2

（续）

项目	测报站点					
	阿尔山市	察哈尔右翼后旗	察哈尔右翼后旗	阿荣旗	阿荣旗	阿荣旗
下阶段发生趋势预测（主要发生区域）	五岔沟镇	黄红镇、大六号镇喷灌圈地	白音察干镇、乌兰哈达苏木及黄红镇、大六号镇一带喷灌圈地	0	音河乡、霍尔奇镇、新发乡、复兴镇	新发乡、音河乡、霍尔奇镇
备注	\	\	\	\	\	\

表4-4　马铃薯晚疫病发生趋势预测表（节选）

项目	测报站点							
	阿荣旗	阿荣旗	阿荣旗	莫力达瓦达斡尔族自治旗	牙克石市	牙克石市	牙克石市	扎兰屯市
调查时间（年-月-日）	2015-7-10	2016-7-10	2017-7-10	2016-7-10	2013-7-10	2014-7-10	2016-7-10	2016-7-10
生育期	初花期	现蕾期	花期	开花期	开花期	花期	发棵期	结薯期
主要品种	克新1号	克新1号	克新1号	兴佳薯系列克新1号	荷兰15	荷兰15	荷兰系列	科新1号、科新13号
播种面积/万亩	16	30	25	40	20	20	15	5
感病品种比率/%	37.5	5	20	10	16	12	40	5
目前发生面积/万亩	0	0	0	0	2	1	0	0
中心病株出现时间（年-月-日）	2015-7-22	2016-7-22	2017-8-1	2016-7-25	2014-7-6	2014-7-6	2016-7-4	2016-7-21
中心病株出现时间（比去年早晚天数）/d	0	1	9	0	-4	-4	0	0

（续）

项目	测报站点							
	阿荣旗	阿荣旗	阿荣旗	莫力达瓦达斡尔族自治旗	牙克石市	牙克石市	牙克石市	扎兰屯市
中心病株出现时间（比常年早晚天数）/d	0	1	9	0	−6	−6	−1	0
中心病株出现时间（出现地区）	0	查巴奇乡猎民村	\	西瓦尔图镇	免渡河镇、乌奴尔	免渡河镇	免渡河镇	\
每亩发病中心个数（平均）	0	2	0	15	2	2	0.2	0
每亩发病中心个数（最多）	0	5	0	30	3	3	1	0
每亩发病中心个数（最多的出现地区）	0	查巴奇乡猎民村	\	西瓦尔图镇长新村	免渡河镇、乌奴尔	免渡河镇	免渡河镇	\
病田率（平均）/%	0	0	0	0	15	16	0	0
病田率（最高）/%	0	10	0	50	18	18	1	0
病田率最高出现地区	0	查巴奇乡	\	奎勒河镇	免渡河镇、乌奴耳镇	免渡河镇	\	\
病株率（平均）/%	0	50	0	15	16	15	0	0
病株率（最高）/%	0	100	0	30	18	18	0	0
病株率（最高出现地区）/%	0	查巴奇乡猎民村	\	西瓦尔图镇、奎勒河镇	免渡河镇、乌奴耳镇	免渡河镇	\	\

（续）

项目	测报站点							
	阿荣旗	阿荣旗	阿荣旗	莫力达瓦达斡尔族自治旗	牙克石市	牙克石市	牙克石市	扎兰屯市
下阶段发生趋势预测（发生盛期）	8月上旬	8月上中旬	8月中旬	8月10日	花盛期	花盛期	7月15日	七月末至八月初
下阶段发生趋势预测（发生面积）/万亩	13	3	5.1	15	5	2	1	1.5
下阶段发生趋势预测（发生程度）	2	3	2	2	3	3	1	2
下阶段发生趋势预测（主要发生区域）	音河乡、复兴镇、查巴奇乡	查巴奇乡、亚东镇、复兴镇、音河乡	音河乡、查巴奇乡	西瓦尔图镇、奎勒河镇	免渡河镇、乌奴耳镇	免渡河镇	免渡河镇	中和镇
备注	/	/	/	/	/	/	/	/

表4-5　马铃薯病虫害发生情况年度统计表（节选）

测报站点	调查时间（年-月-日）	病虫害名称	发生程度	发生面积/万亩	防治面积/万亩次	实际损失/t	挽回损失/t	重点发生区域	发生盛期	备注	全年发生特点
呼和浩特市	2009-11-21	马铃薯晚疫病	/	5	5	70	200	和林格尔县山区，土默特左旗，托克托县，清水河县，赛罕区	/	/	/
兴安盟植保站	2009-11-21	马铃薯晚疫病	/	8	8	92.42	3 153.3	阿尔山市，科右前旗	/	/	/

（续）

测报站点	调查时间(年-月-日)	病虫害名称	发生程度	发生面积/万亩	防治面积/万亩次	实际损失/t	挽回损失/t	重点发生区域	发生盛期	备注	全年发生特点
太仆寺旗	2009-11-21	马铃薯晚疫病	3	2.4	1.4	0.02	0.035	宝昌镇一带	7月30日	\	马铃薯早疫病、地下害虫发生较重一些；马铃薯晚疫病二代幼虫发生较轻一些
呼和浩特市	2010-11-21	马铃薯晚疫病	\	18	5	100.09	0.07	土默特左旗、和林格尔县山区、托克托县、清水河县、赛罕区	\	\	\
赤峰市	2010-11-21	马铃薯晚疫病	2	17.33	18.75	363.04	1898.09	克什克腾旗、翁牛特旗、喀喇沁旗、敖汉旗	7月15日至8月10日	\	\
扎兰屯市	2010-11-21	马铃薯晚疫病	2	5	4	0.064	0.512	中和镇	7月25日	\	\
太仆寺旗	2010-11-21	马铃薯晚疫病	3	5.6	3	0.09	0.06	千斤沟镇一带	7月20日	\	马铃薯晚疫病、地下害虫发生较重一些、早疫病，病毒病及其他虫发生较轻一些
牙克石市	2013-11-21	马铃薯晚疫病	\	15	20	20	30	市区及周边	7月初	\	\
扎兰屯市	2013-11-21	马铃薯晚疫病	4	12.5	8.5	0.023 8	0.175	中和镇	8月上旬	\	马铃薯生长期降雨量较大，病害较常年重
察哈尔右翼前旗	2013-11-21	马铃薯晚疫病	4	8.5	28	350	4 250	各乡(镇)	8中旬至9月中旬	\	\
察哈尔右翼中旗	2013-11-21	马铃薯晚疫病	2	6.5	60	650	9000	宏盘乡、黄羊城镇、大滩乡、铁沙盖镇	8月7—10日	\	马铃薯晚疫病发生较历年早，面积较大，范围广，局部发生重

（续）

测报站点	调查时间（年-月-日）	病虫害名称	发生程度	发生面积/万亩	防治面积/万亩次	实际损失/t	挽回损失/t	重点发生区域	发生盛期	备注	全年发生特点
阿尔山市	2013-11-21	马铃薯晚疫病	3	3	6.82	4.16	2.1	天池镇、明水河镇、五岔沟镇	7、8月	\	\
科尔沁右翼前旗	2013-11-21	马铃薯晚疫病	1	6	6	2250	90	北部乡（镇）	开花期	\	\
太仆寺旗	2013-11-21	马铃薯晚疫病	4	30	280	2 520	78 400	骆驼山镇、幸福乡等一带	8月上旬	\	降雨量偏多且集中，马铃薯晚疫病、枯萎病发生较重
多伦县	2013-11-21	马铃薯晚疫病	3	23	23	0.08	0.08	\	\	\	\
阿荣旗	2014-11-21	马铃薯晚疫病	5	26	50	3042	9750	复兴镇、音河乡、查巴奇乡	8月上中旬	\	\
阿尔山市	2014-11-21	马铃薯晚疫病	2	0.95	2.6	186	1968	明水河镇	8月	\	\
太仆寺旗	2014-11-21	马铃薯晚疫病	1	3	10	0.0105	0.175	千斤沟镇一带	8月5日	\	马铃薯早疫病、病毒病、枯萎病发生较重；马铃薯晚疫病、疮痂病发生较轻。地下害虫、草地螟发生较重；豆芫菁、蚜虫发生较轻
呼伦贝尔市植保站	2015-11-25	马铃薯晚疫病	\	7.1	33	0.04	0.58	海拉尔区：东山　阿荣旗：复兴镇、音河乡　鄂伦春自治旗：齐奇岭村、阿东村、托扎敏乡　扎兰屯市：西南部乡（镇）　牙克石市：各乡（镇）	\	\	\
海拉尔区	2015-11-25	马铃薯晚疫病	1	0.1	0.1	6	15	海拉尔区东山新区	马铃薯块茎增长期	\	\

（续）

测报站点	调查时间(年-月-日)	病虫害名称	发生程度	发生面积/万亩	防治面积/万亩次	实际损失/t	挽回损失/t	重点发生区域	发生盛期	备注	全年发生特点
莫力达瓦达斡尔族自治旗	2015-11-25	马铃薯晚疫病	3	1	0.8	0.02	0.01	奎勒河镇	7月20日	\	\
鄂伦春自治旗	2015-11-25	马铃薯晚疫病	1	1.5	1.5	0.03	0.17	齐齐岭村, 阿东村, 托扎敏乡	6—7月	\	\
牙克石市	2015-11-25	马铃薯晚疫病	2	5	20	1.2	2.4	各乡(镇)	7月20日	\	\
扎兰屯市	2015-11-25	马铃薯晚疫病	1	0.5	0.6	132	22	西南乡(镇)	\	\	\
赤峰市	2016-11-20	马铃薯晚疫病	2	28.26	25.06	2001	4 364.36	翁牛特旗, 喀喇沁旗, 敖汉旗, 松山区, 宁城县	7月下旬至8月上旬	\	\
察哈尔右翼后旗	2016-11-20	马铃薯晚疫病	1	0.42	48	0.2	0.04	白音察干镇建设村喷灌圈马铃薯田, 大六号镇狼窝沟喷灌圈马铃薯薯田	花期	\	\

表4-6 马铃薯晚疫病中心病株和发生动态情况统计表

项目(年-月-日)	卓资山镇	凉城县	丰镇市	凉城县	呼和浩特市清水河县	丰镇市	呼和浩特市清水河县	商都县	兴和县	察哈尔右翼后旗
日期(年-月-日)	2013-7-19	2013-7-25	2013-8-12	2013-8-25	2013-8-10	2013-8-12	2013-8-12	2013-8-13	2013-7-16	
地点	大榆树乡狮子沟村	凉城县麦胡图基地	元山子乡沙沟沿村	麦胡图镇金星村	宏河镇园子滹村	元山子乡马家库联村	韭菜庄乡三岔河村	东坊子村	张皋镇	旗贡红镇 / 察哈尔右翼后旗大六号镇

（续）

项目（年-月-日）	卓资山镇	凉城县	丰镇市	凉城县	呼和浩特市清水河县	丰镇市	商都县	呼和浩特市清水河县	兴和县	察哈尔右翼后旗贲红镇
田块类型	高垄滴灌	滴灌	膜下滴灌	普通分散种植	滴管	喷灌圈	喷灌圈	滩地	大田	膜下滴灌
品种	克新1号	克新1号	克新1号	克新1号	克新1号	克新1号	费乌瑞它	克新1号	克新1号	克新1号
生育期										
调查面积/m²	200 100	6 670	200	1 334	69 000	500	233 450	6 670	33 350	6 670
调查株数	100	200	200	200	500	500	500	500	700	200
发病株数	10	8	20	160	15	150	32	500	35	140
病株率/%	10	4	10	80	10	30	6	100	5	70
各级严重发病株数　0级	0	8	180	40	35	350	456	0		60
1级	10	8	2	70	10	15	19	0	35	32
3级	0		3	90	5	25	9	0		68
5级	0		6			30	3	100		40
7级	0		4			30	1	200		0
9级	0		5			50	0	200		0
病情指数	0.9	0.36	5.13	15.3	0.45	16.2	1.224	66.6	0.45	19.62
备注								较重地块		

第四节 马铃薯晚疫病智慧测报及减药控害关键技术创新与应用组织管理

本项目的实施，建立了内蒙古马铃薯晚疫病智慧测报和减药控害服务体系，培训了一支高素质植保专业队伍，大大提高了内蒙古应对重大病虫害的监测预警和科学防控能力，为下一步建立重大病虫害联防联控、上下联动高效运转机制打下了坚实的基础。

一、强化组织领导，落实防控责任

各级农业行政主管部门和植保机构充分认识到马铃薯晚疫病智慧测报和科学防控工作的重要性和紧迫性，加强对马铃薯晚疫病监测预警工作的组织和领导。首先，自治区、盟（市）、旗（县）都成立了以农业行政主管部门领导为组长，植保植检（农技推广）站长为副组长的领导小组，同时还成立了由植保机构和科研、教学等单位专家组成的技术专家小组。部分盟（市）、旗（县）还以政府名义下发监测防控文件，在马铃薯病虫害大发生时期，按照农业农村部和内蒙古自治区政府的要求，印发关于加强农作物病虫害监测与防控工作的通知，以及全区农作物重大病虫害防控方案的通知等有关文件，对监测防控工作进行具体安排和部署，确保防控措施落到实处。据统计，全区各级植保机构针对监测防控共召开各种动员会、会商会、总结会 1 000 余次。

二、加大行政推动力度，优化技术服务，科学有效防控

一是积极争取各级财政支持，做好应急防控物资协调。及时下拨中央财政补助经费、自治区财政病虫鼠监控补助经费。各地积极争取支持，多方筹措资金，全力以赴做好马铃薯晚疫病的应急防控。

二是加强检查指导。在病害发生与防治的关键时期，内蒙古自治区农牧业厅领导和植保站相关技术人员深入主产区检查督导马铃薯晚疫病防控工作。

三是优化技术服务。全区各级植保部门利用广播、电视、报纸、手机短信及网络等多种途径发布病虫发生及防治技术信息，通过举办培训班、召开现场会、实地技术指导、发放宣传资料等方式进行技术培训和指导。

三、创新公共服务方式，建立多维发布平台

一是建立内蒙古马铃薯晚疫病监测预警系统对外公共服务发布平台。通过平台将全区 3 级植保系统的工作动态、通知公告及重大病虫实时动态等适时发布，充分体现植保植检的公共服务能力和公益性职能职责。

二是创建App，建立马铃薯晚疫病微信公众服务平台。用户可通过访问中国马铃薯晚疫病监测预警系统，下载移动端系统安装包。进入系统后，分别以地图和侵染情况列表的形

式，呈现田间马铃薯晚疫病的侵染情况；可以实地拍摄田间马铃薯病虫害，特别是马铃薯晚疫病的发生情况并上传，还可以进行技术咨询、远程诊断、系统升级等。

三是建立马铃薯晚疫病短信业务精准指挥服务平台。在系统中开发了马铃薯晚疫病短信服务功能，将在全区种植面积超过100亩的马铃薯种植大户的手机号输入到系统中，在马铃薯晚疫病大发生年份，系统可以利用群发功能，精准进行防控技术指导，为防灾减灾和精准防控提供方法和手段。

四、建立培训制度，培养高素质的马铃薯晚疫病监测防控队伍

2011年7月，全国马铃薯晚疫病预警系统暨防治现场会在牙克石市召开。2013年8月，农业部种植业管理司在乌兰察布市召开全国马铃薯晚疫病发生防治现场会，有30多个省份的技术人员参加培训。

为确保马铃薯晚疫病智慧测报和减药控害科学防控工作的质量，在全国组织培训技术骨干的基础上，植保站就马铃薯晚疫病监测调查、马铃薯晚疫病监测预警系统进行了专门培训，同时还组织专家赴各地区进行调查和现场培训。自治区、盟（市）、旗（县）3级积极组织普查人员进行马铃薯晚疫病调查知识学习，层层开展马铃薯晚疫病智慧测报和减药控害科学防控技术培训，做到了技术培训先行。近年来，通过举办线上线下培训班、召开现场会、实地技术指导、发放宣传资料等方式进行技术培训和指导，全区共举办各种培训班近5 000余期，培训人员10万余人（次）。

五、利用多个项目集成创新马铃薯晚疫病智慧测报及减药控害关键技术

内蒙古自治区农牧业技术推广中心和内蒙古大学、内蒙古农业大学合作，从马铃薯晚疫病发生危害、病原菌致病机理、预测预报及绿色防控技术等方面攻关，取得了本项目关键技术的突破。

一是从内蒙古中部地区采集土壤等样品，测定土壤样品的含水量、pH、速效钾、碱解氮、有效磷和有机质等环境参数。采用高通量测序、传统分离培养等方法，研究内蒙古地区黏细菌非培养、可培养群落结构多样性，并分析黏细菌分布与环境参数之间的相关性。

通过平板对峙法筛选具有抗致病疫霉活性的黏细菌，并挑选抗性较高的菌株。利用活性物质跟踪法，并通过单因素分析与正交优化相结合的方法，对菌株的发酵参数进行研究。通过XAD-16大孔树脂吸附，对发酵液中的生物活性物质进行浓缩，检测其对温度、蛋白酶K、紫外光与自然光等的稳定性，并从致病疫霉的无性生殖、有性生殖、细胞渗透性、菌丝脂质过氧化、菌丝中麦角甾醇和可溶性蛋白的含量，以及菌丝体中保护酶的活性等方面，分析黏细菌对致病疫霉的生防机制。

二是采用同位素标记相对和绝对定量（iTRAQ）技术，对分别经DMSO和α1性激素处理3h、8h、24h、72h的致病疫霉菌株P7723的蛋白质组进行了检测。将蛋白质组数据进行单因素方差分析，将4个时间点的性激素处理组与DMSO处理对照组的差异蛋白质进行T检验分析，以期揭示参与致病疫霉有性生殖的蛋白质。

以致病疫霉A2交配型菌株P7723作为研究材料，分别使用α1性激素和DMSO对P7723处理1h、3h、8h、24h，分别提取这两组菌丝体的蛋白质，通过iTRAQ技术对样品进行磷酸化蛋白质组学分析，从而筛选出α1性激素处理下，致病疫霉A2交配型的磷酸化蛋白质组与对照相比的差异，为揭示α1性激素诱导下致病疫霉有性生殖机理奠定基础。

以致病疫霉A1交配型菌株HQK8-3为材料，克隆了 *PiGK5*、*Pi-PIPK-D8* 的互补 DNA（cDNA）蛋白质编码区，并进行了序列分析；构建 *PiGK5*、*Pi-PIPK-D8* 的N端和C端荧光蛋白融合表达载体，并通过原生质体的方法将其分别转化入HQK8-3，从而对 *PiGK5*、*Pi-PIPK-D8* 蛋白质进行亚细胞定位；通过电转化法将 *PiGK5*、*Pi-PIPK-D8* 的RNA干扰（RNAi）载体转化入HQK8-3，并检测其在无性生殖、有性生殖、致病性等方面的表型，致力于致病疫霉 *PiGK5*、*Pi-PIPK-D8* 基因的功能研究。

通过蒸馏水密封黑麦粒（HR）、矿物质油密封黑麦粒（OR）、蒸馏水密封培养基（HM）和矿物质油密封培养基（OM）4种方法保存致病疫霉菌株，在保存6、9、12个月后，分别从菌株生存率、菌丝生长速率、形态特征、致病性等方面，综合比较4种方法的优缺点；以致病疫霉菌株P7723和HQK8-3为材料，检测了黑麦培养基（RA）、胡萝卜培养基（CA）、放置玻璃纸的黑麦培养基（CP）、放置聚碳酸酯膜的黑麦培养基对致病疫霉生长和生殖的影响；以致病疫霉HQK8-3为研究材料，通过绿色荧光蛋白表达载体建立了致病疫霉的遗传转化体系。

三是通过引进、消化、吸收并应用和推广CARAH模型，开发马铃薯晚疫病数字化监测预警信息系统，通过建设内蒙古农作物重大病虫害监测预警数字化平台，建立了马铃薯晚疫病等重大病虫害数据库，在马铃薯主产区设立无人值守的马铃薯晚疫病监测站点，建立了内蒙古马铃薯晚疫病智慧测报体系，通过智慧测报指导精准防控，减少用药次数，达到减药控害的目的。

四是建立马铃薯晚疫病智慧测报及减药控害技术试验、示范及技术推广区，通过3年试验、2年示范和3年技术推广，形成一套马铃薯晚疫病智慧测报及减药控害技术模式，以点带面，促进新技术的推广普及。一方面，通过示范、组织和发动，扩大技术覆盖面。另一方面，开展多层次的技术培训，组织有关专家进行综合和专项技术培训，提高各级测报人员和农业技术人员的水平。通过层层培训，使马铃薯主产区90%以上的技术员和70%以上的农民能够运用马铃薯晚疫病智慧测报及减药控害技术。为内蒙古马铃薯晚疫病防灾减损、农民增收、农业增效和生态环境安全做好技术保障。

五是通过试验，选择高效、低毒、低残留的农药，使用农药助剂，更换扇形喷头，达到节本增效、减药控害的目的。选择农药的替代产品——植物源农药丁子香酚，全程绿色防控。

六是合作研发生物防治技术，从内蒙古部分地区采集的样品中，分离获得高抗致病疫霉的黏细菌菌株，计划针对这些高抗致病疫霉菌株申请专利2～6项。

六、建立马铃薯国际合作示范基地，为内蒙古绿色高质量发展提供技术支撑

2016年9月，在国家外国专家局驻欧洲办事处和中国驻比利时大使馆的协调下，2017年，比利时埃诺省农业与农业工程中心和森峰薯业签订了5年的合作协议，在每年的马铃薯

生长季，比利时方面全程派员跟踪指导，在牙克石市建立中比合作优质马铃薯种薯示范基地。2022年，内蒙古自治区农牧业技术推广中心与国际马铃薯中心亚太中心、内蒙古中加农业生物科技有限公司、牙克石市森峰薯业在内蒙古自治区科学技术厅立项，联合申请马铃薯国际合作示范基地，为内蒙古马铃薯种薯高质量发展提供技术支撑。马铃薯产业的发展事关我国粮食安全和脱贫致富，项目的深入合作为国家实施"一带一路"倡议、马铃薯作物主粮化提供保障。2019—2020年，内蒙古自治区农牧厅在马铃薯主产区呼伦贝尔市牙克石市和乌兰察布市四子王旗、察哈尔右翼前旗国家级重点种薯基地，建立马铃薯晚疫病智慧测报及减药控害技术示范基地，打造绿色高质量发展品牌，以优质优价促进产业发展、农民增收、农业增效。

第五节　马铃薯晚疫病智慧测报及减药控害关键技术创新实践

在马铃薯晚疫病智慧测报及减量控害技术应用推广中，植保站于2015年和2016年在牙克石市跟踪调查了两个种植大户。2015年，李义森种植种薯4 000亩，安装了3个马铃薯监测仪，1台远程监控设备，每次防治成本需6万元，防治5次，防治成本为30万元。防效达100%，没有减产。而另一种植大户程子贵，种植种薯6 000亩，没有安装马铃薯监测仪，每次防治成本为8万元，共防治10次，防效为80%，2015年防治成本为80万元。产量损失25%。

2016年，在试验示范区李义森的种薯4 000亩田内，安装3个马铃薯监测仪，1台远程监控设备，每次防治成本需6万元，由于当年7月以后气候干旱，只防治了2次，防治成本为12万元。而另一种植大户程子贵，种植种薯6 000亩，没有安装马铃薯监测仪，每次防治成本为8万元，共防治5次。

历年来，乌兰察布市马铃薯种植大户在马铃薯晚疫病发生与未发生年份，用药次数一般在5～8次，而今年3个用药试验区较常规防控区分别减少用药次数为2次、3次、3次；每亩分别减少用药成本20元、45元、45元，合计分别减少用药成本1 600元、5 400元、9 000元。

以乌兰察布市察哈尔右翼后旗2012—2017年种植大户程序化作业防治，以及应用马铃薯晚疫病智慧测报及减量控害技术科学指导用药，对比计算农药减量数（表4-7）：2012—2017年，察哈尔右翼后旗实际防治次数分别为5次、7次、8次、8次、7次、8次，根据马铃薯晚疫病智慧测报及农药减量控害技术指导，防治次数应为2次、7次、1次、3次、2次、2次。

6年中只有2013年是重发生年份，其他年份侵染次数少，重度侵染比率低，都为轻发生年份，如果按技术指导用药，用保护性杀菌剂即可控制危害。但生产实际中，种植大户都有打保险药的习惯。以大户的平均用药量和平均价格计算，严格应用马铃薯晚疫病智慧测报及减量控害技术科学指导，6年平均年节省农药11.39t，6年合计节省农药56.97t。应用马铃薯晚疫病智慧测报及减药控害技术不但让种植大户真正得到实惠，科技人员进行技术指导时，有科学的理论依据，而且在田间无需人员值守，节约成本，省时省力。给农民带来经济效益的同时，极大地提高了社会效益。减少了化学农药的使用，减轻了其对环境的污染。

表4-7 商品薯——马铃薯晚疫病农药减量统计表

年份	品种	防治面积/亩	喷、滴灌（主要是企业和大户）				马铃薯晚疫病预警系统	智慧测报指导防治策略	理论防治次数	节省农药/t
			防治次数	药品名称	亩用量	单价				
2012	夏波蒂、后旗红、荷兰15、克新1号	300 000	5	克露	120g/亩	123元/kg	5代共8次侵染，8月22日侵染终止，重度侵染比率为25%	除拌种外，分别于8月12日、8月19日施用治疗性杀菌剂	3	7.875
				抑快净	40g/亩	620元/kg				
				银法利	70mL/亩	312元/L				
				安泰生	120g/亩	84元/kg				
2013	夏波蒂、后旗红、荷兰15、克新1号	500 000	7	安泰生	120g/亩	84元/kg	9代共16次侵染，重度侵染比率为37.5%	除拌种外，分别于7月13日、7月19日、7月24日、8月1日、8月7日、8月14日和8月24日施用保护性杀菌剂	8	0
				克露	120g/亩	123元/kg				
				银法利	70 mL/亩	312元/L				
				抑快净	40g/亩	620元/kg				
				大生	120g/亩	55元/kg				
				克露+世高	(120+40)g/亩	443元/kg				
2014	夏波蒂、后旗红、荷兰15	600 000	8	代森锰锌	100g/亩	60元/kg	3代共6次侵染，重度侵染比率16.67%	除拌种外，于8月28日施用保护性杀菌剂	2	12.214
				异菌脲	25g/亩	400元/kg				
				爱可	25g/亩	630元/kg				
				瑞凡	40g/亩	1050元/kg				

（续）

年份	品种	防治面积/亩	喷、滴灌（主要指企业和大户）				马铃薯晚疫病预警系统	智慧测报指导防治策略	理论防治次数	节省农药/t
			防治次数	药品名称	亩用量	单价				
2014	夏波蒂、后旗红、荷兰15	600 000	8	银法利抑菌星	80mL/亩		3代共6次侵染，重度侵染比率16.67%	除拌种外，于8月28日施用保护性杀菌剂	2	12.214
				丁子香酚	30g/亩	130元/kg				
				银法利	80mL/亩					
2015	夏波蒂、后旗红、荷兰15、克新1号	500 000	8	安泰生	120g/亩	84元/kg	6代共9次侵染，9月24日侵染终止，重度侵染比率22.22%	除拌种外，于8月5日、9月6日、9月19日施用疗性杀菌剂	4	8.571
				克露	120g/亩	123元/kg				
				阿米西达	30g/亩	460元/kg				
				易宝	50mL/亩	160元/L				
				世高	20g/亩	320元/kg				
				雷多米尔	100g/亩	155元/kg				
				抑快净	40g/亩	620元/kg				
2016	夏波蒂、后旗红、荷兰15、克新1号、冀张薯12	570 000	7	克露	120g/亩	123元/kg	5代共10次侵染，7月12日侵染终止，重度侵染比率20%	除拌种外，分别于7月28日、8月23日施用疗性杀菌剂	3	14.250
				世高	20g/亩					
				安泰生	100g/亩	123元/kg				
				克露	120g/亩	123元/kg				
				银法利	30g/亩					
				阿米西达	30g/亩	460元/kg				

（续）

| 年份 | 品种 | 防治面积/亩 | 喷、滴灌（主要指企业和大户） | | | | 马铃薯晚疫病预警系统 | 智慧测报指导防治策略 | 理论防治次数 | 节省农药/t |
			防治次数	药品名称	亩用量	单价				
2017	夏波蒂、后旗红、荷兰15、克新1号、冀张薯12	450 000	8	克露	120g/亩		7代共18次侵染、重度侵染比率为0	除拌种外，分别于8月14日、8月29日施用保护性杀菌剂	3	14.063
				大生	600倍液					
				瑞凡	30mL/亩	1050元/L				
				大生	600倍液					
				克露	120g/亩					
				增威赢绿	20mL/亩	1 700元/L				
				46%可杀得	1 200倍液	240元				
6年平均值										11.394 6
6年合计值										56.973

注：选用察哈尔右翼后旗当郎忽洞苏木董家村监测点数据。

第六节　2015—2019年培训、宣传发动图片展示

一、宣传、展示

具体情况见图4-26至图4-28。

图4-26　时任内蒙古自治区农牧业厅厅长的郭健在2017年首届"全国'互联网+'现代农业新技术和新农民创业创新博览会"现场，询问内蒙古农作物重大病虫害监测预警数字化平台建设情况

图4-27　内蒙古自治区农牧业厅在2018年第六届内蒙古绿色农畜产品博览会上，查看农作物重大病虫害监测预警信息化发展的新成果、新亮点

图4-28　在北京第十届中国国际薯业博览会上，展示马铃薯晚疫病数字化监测预警与科学防控技术的应用和推广成果

二、参加国际培训班

选派技术人员赴比利时学习（图4-29）。

图4-29　2012年7月17日至8月15日，选派技术人员赴比利时参加学习比利时马铃薯晚疫病监测预警技术

三、举办会议、培训班

具体情况见图4-30至图4-33。

图4-30　2011年7月12日，农业部全国农技中心在牙克石市召开全国马铃薯晚疫病预警系统培训暨防治现场会

图4-31 时任全国农技中心主任的刘天金参加2018年7月巴彦淖尔市杭锦后旗全国植保能力提升现场观摩会

图4-32 2017年,比利时埃诺省农业与农业工程中心主任参观呼伦贝尔市森峰薯业,签订合作协议

图4-33 2013年8月,在牙克石市全国马铃薯种植大户参加马铃薯晚疫病数字化监测预警和科学防控技术知识培训

四、成果展示

项目引智专家、比利时埃诺省农业与农业工程中心马铃薯晚疫病防治专家弗朗索瓦·塞黑尼尔获得2022年度中国政府友谊奖（图4-34）；2023年9月，弗朗索瓦·塞黑尼尔受李强总理会见并在人民大会堂前留影（图4-35）。

图4-34　项目引智专家、比利时埃诺省农业与农业工程中心马铃薯晚疫病防治专家弗朗索瓦·塞黑尼尔（右一）获得2022年度中国政府友谊奖

图4-35　2023年9月，弗朗索瓦·塞黑尼尔受李强总理会见并在人民大会堂前留影